全生命周期 BIM 技术应用教程

智慧管廊全生命周期 BIM 应用指南

BENTLEY软件(北京)有限公司　组织编写

中冶京诚工程技术有限公司

深圳市市政设计研究院有限公司　主编

中国建筑工业出版社

图书在版编目(CIP)数据

智慧管廊全生命周期 BIM 应用指南/BENTLEY 软件（北京）有限公司组织编写；中冶京诚工程技术有限公司，深圳市市政设计研究院有限公司主编. —北京：中国建筑工业出版社，2018.11

全生命周期 BIM 技术应用教程

ISBN 978-7-112-22851-5

Ⅰ.①智…　Ⅱ.①B…　②中…　③深…　Ⅲ.①市政工程-地下管道-建筑设计-计算机辅助设计-应用软件-教材　Ⅳ.①TU990.3-62

中国版本图书馆 CIP 数据核字（2018）第 242773 号

本书为《全生命周期 BIM 技术应用教程》系列教材之一，围绕综合管廊全生命周期的设计、施工与运维，以 BIM 技术为切入点，基于 Bentley 系列工程软件，为建设者们提供一整套综合应用解决方案。通过构建 3D 数字化工作平台，实现多方协作与信息交互，全面提升综合管廊的建设、管理水平。

　　本书主要内容包括术语和定义、综合管廊概述、智慧管廊全生命周期 BIM 应用指南、Bentley BIM 应用解决方案、项目案例介绍。内容丰富，案例翔实，可供市政基础设施领域的工程人员，包括业主方、设计、施工、管廊咨询公司以及相关专业师生参考使用。

责任编辑：葛又畅

责任校对：李美娜

全生命周期 BIM 技术应用教程

智慧管廊全生命周期 BIM 应用指南

BENTLEY 软件（北京）有限公司　组织编写

中冶京诚工程技术有限公司　　主编

深圳市市政设计研究院有限公司

*

中国建筑工业出版社出版、发行(北京海淀三里河路 9 号)

各地新华书店、建筑书店经销

北京红光制版公司制版

北京市密东印刷有限公司印刷

*

开本：787×1092 毫米　1/16　印张：11½　字数：281 千字

2019 年 1 月第一版　　2019 年 1 月第一次印刷

定价：**50.00** 元

ISBN 978-7-112-22851-5

（32970）

本书编委会

总　策　划：武　恒　　BENTLEY 软件（北京）有限公司

主　　　编：米向荣　　中冶京诚工程技术有限公司

　　　　　　侯　铁　　深圳市市政设计研究院有限公司

主　　　审：王永涛　　中冶京诚工程技术有限公司

　　　　　　蔡　明　　深圳市市政设计研究院有限公司

　　　　　　俞兴杨　　BENTLEY 软件（北京）有限公司

编写人员：（排名不分先后）

中冶京诚工程技术有限公司	李　铁	张　昊
	梁仕贤	施行之
	王莎莎	曹　鹏
	董　亮	凌　琪
深圳市市政设计研究院有限公司	杜永帮	周　琳
	黄鸿达	吕　健
	王照华	张　津
	张剑楠	
中国十七冶集团有限公司	胡德帅	刘　超
北京城市副中心投资建设集团有限公司	平晓林	娄建岭
BENTLEY 软件（北京）有限公司	陈　晨	单　鹏
	孟红俊	麻宏胜
	田颖玲	

序

近年来，智能软件工具与硬件设备发展迅速，通信网络建设日趋完善，很多行业都在发生根本性的变革。作为国家经济发展的重要支柱，建设工程的科技发展水平相对滞后。信息化对建设工程发展具有至关重要的推动作用，作为工程行业的信息化代表，BIM 技术正在得到越来越广泛的关注和应用，BIM 技术可对建设工程的物理和功能特性进行数字化与三维可视化表达，有利于整合信息资源，创建统一的协同工作环境，为项目管理决策提供可靠依据。

综合管廊是现代化城市建设的重要组成部分，有利于集约城市建设用地和地下空间资源，同时可提高城市工程管线的建设养护标准，提高城市综合承载力，我国已迎来综合管廊的密集建设期。在综合管廊项目中采用 BIM 技术，整合管廊全生命周期信息资源，开展协同应用，可以有效解决综合管廊多专业、空间受限、节点复杂、建设周期长等难点和运营维护问题，为全面促进管廊工程技术进步、管理水平提升和智慧运维发展奠定基础。

综合管廊与 BIM 技术的结合应用是大势所趋，但在现阶段的应用还未完全成熟，在实际工作中仍需不断地探索、总结与优化。这本指南汇集了多家行业优秀单位的实践经验，内容涵盖规划、设计、施工、运维各个阶段，提出了详细的技术路线与完善的软件配套方案，通过多个实际案例分享，为综合管廊工程 BIM 技术应用提供了全面的技术参考。

全国工程勘察设计大师：

前　言

　　放眼今天的图书市场，有关 BIM 的书籍已是汗牛充栋。但只要对内容稍加浏览即可发现大多数都并非真正的 BIM 书籍，而只是某些软件的操作手册和使用指南。这样的结果是读者买了书籍，最多可以学会软件操作，但对于如何将软件服务于工程项目却不甚了了。

　　为丰富 BIM 图书的内容，为广大从事 BIM 工作的工程技术人员提供真正可获益的、可作为技术藏书并在未来数年反复利用的书籍，经与中国建筑工业出版社的编辑们反复沟通交流，Bentley 公司拟打破时下常规的从软件操作使用入手编写 BIM 书籍的模式，尝试按照实际工程项目的要求，或者说是面向某一类工程项目亟待解决的问题，抑或是达到将工程项目全专业的工作用 BIM 的方式实现的目标，来编写更加全面的、解决实际工程问题的 BIM 书籍。这也成为我们编写本书的出发点。

　　自 2015 年 8 月国务院办公厅发布《关于推进城市地下综合管廊建设的指导意见》（国办发〔2015〕61 号）至今的三年时间里，我国掀起了城市地下综合管廊的建设热潮，据不完全统计，截至 2017 年 10 月，全国已有超过 1600 公里的综合管廊建成廊体。2017 年 5 月发布的《全国城市市政基础设施建设"十三五"规划》中也明确要求，至 2020 年"建设干线、支线地下综合管廊 8000 公里以上"、"建成一批具有国际先进水平的地下综合管廊并投入运营"、"推进智慧城市建设、提高城市安全运行管理水平"。

　　面对综合管廊市场如此大规模、高强度的建设需求和日益增长的城市管理升级要求，传统的规划、设计、施工、运维管理方式已不能满足，市场也传来了迫切需要综合管廊与BIM 相结合的出版物的声音。而这一需求恰恰与我们面向一个项目的整体应用推进 BIM 的想法相契合。因为地下综合管廊属于线性资产，其 BIM 的需求包括廊道定线、出入口、廊道区间、混凝土布筋、管道敷设、管道支吊架布设、电缆托架布设、线缆敷设等诸多3D 软件模块协同工作。所以，必须清楚地向读者介绍土木工程软件、建筑软件、管道软件、混凝土软件和电缆敷设软件等数款 3D 软件的协同工作模式和工作场景，从而使全专业的 3D 数字化管廊得以实现。因此，撰写一本综合管廊 BIM 书籍就被提到了我们的工作计划中。

　　当我们向深圳市市政设计研究院 BIM 设计研究院的候铁院长和中冶京诚工程技术有限公司电气总工、中国中冶管廊技术研究院技术委员会米向荣副主任汇报这一想法时，两位领导又提出了更为完善的想法，即由他们具备深厚实战经验的专业工程技术人员编写综合管廊设计部分以及智慧综合管廊的运维管理部分，使其成为一本覆盖整个工程生命周期的指导书，也使其真正成为用 BIM 做全专业综合管廊工程的工程技术人员和运维管理人员的实用工具书和具有收藏价值的 BIM 书。

　　本书编写过程中，重点围绕综合管廊全生命周期的设计、施工与运维，以 BIM 技术为切入点，基于 Bentley 系列工程软件，为建设者们提供一整套综合应用解决方案。通过构建 3D 数字化工作平台，实现多方协作与信息交互，全面提升综合管廊的建设、管理水平。本书将从分析新时期综合管廊建设、管理的需求入手，按不同生命周期分别介绍 BIM 技术的应用及解决方案，并通过工程案例增强本书在实操中的参考价值，希望能在打造更精良的工程、实现更有效的管理方面为读者提供新的思路。

作为最早一批投入城市地下综合管廊产业的参与者，本书的编制单位长期奋战在综合管廊设计、施工、运维的第一线，积累了丰富的经验，在取得骄人业绩的同时也在不断从失败中总结、从问题中创新。智慧化的综合管廊，满足新型智慧城市的建设、管理需求，是未来综合管廊产业发展的重要方向。而在智慧管廊的建设、管理过程中，信息化建设与应用无疑是最重要的一环。BIM 技术不仅可以自始至终贯穿综合管廊建设、运营的全过程，实现全生命周期的信息化、智能化协同，其全开放的可视化多维数据库，也是智慧管廊各项应用的极佳基础数据平台。

希望这本书的出版能够给 BIM 市场以及 BIM 图书市场带来一股清流，也衷心希望各位真正能静下心来阅读此书，并能够从中得到属于你自己的收益。

目　　录

1 术语和定义

1.1 综合管廊 Utility Tunnel

建于城市地下用于容纳两类及以上城市工程管线的构筑物及附属设施。

1.2 智慧管廊 Smart Tunnel

由软、硬件组成的一体化系统，实现综合管廊从数字化到智能化，再到智慧化的转变。系统总体架构自下而上主要由物联网层、数据层、平台层、应用层组成，包含了环境与设备监控系统、安全防范系统、通信系统、火灾自动报警系统和地理信息系统等在内的多个功能模块，实现综合管廊的一体化分析决策与智慧化综合管控。

1.3 全生命周期 Life-Cycle

某一事物从开始到结束所经历的所有阶段的总称。综合管廊的全生命周期，包括但不限于规划、立项、设计、招投标、施工、审批、验收、运营、维护、拆除等环节。

1.4 建筑信息模型 Building Information Model

简称"BIM"。个体名词。包含建筑全生命周期或部分阶段的几何信息及非几何信息的数字化模型。建筑信息模型以数据对象的形式组织和表现建筑及其组成部分，并具备数据共享、传递和协同的功能。

1.5 建筑信息化模型 Building Information Modeling

简称"BIM"。集合名词。在项目全生命周期或各阶段创建、维护及应用建筑信息模型（Building Information Model）进行项目计划、决策、设计、建造、运营等的过程。一般情况下，也可简称为"建筑信息模型"。

1.6 建筑信息模型元素 BIM Element

简称"BIM 元素"。建筑信息模型的基本组成单元。

1.7 建筑信息模型软件 BIM Software

简称"BIM 软件"。对建筑信息模型进行创建、使用、管理的软件。

1.8 协同 Collaboration

基于建筑信息模型数据共享及互操作性的协调工作的过程，主要包括项目参与方之间的协同，项目各参与方与内部不同专业之间或专业内容不同成员之间的协同，以及上下游阶段之间的数据传递及反馈等。协同包括软件、硬件及管理体系三方面的内容。

1.9 几何信息 Geometric Information

表示建筑物或构件的空间位置及自身形状（如长、宽、高等）的一组参数，通常还包含构件之间空间的相互约束关系，如相连、平行、垂直等。

1.10 非几何信息 Non-geometric Information

建筑物及构件除几何信息以外的其他信息，如材料信息、价格信息及各种专业参数信息等。

1.11 模型精细度 Level of Details

简称"LOD"。表示模型包含的信息的全面性、细致程度及准确性的指标。

1.12 信息粒度 Information Granularity

在不同的模型精细度下，建筑工程信息模型所容纳的几何信息和非几何信息的单元大小和健全程度。

1.13 建模精度 Level of Model Detail

在不同的模型精细度下，建筑工程信息模型几何信息的全面性、细致程度及准确性指标。几何精度采用两种方式来衡量，一是反映对象真实几何外形、内部构造及空间定位的精细程度；二是采用简化或符号化方式表达其设计含义的准确性。

1.14 建模几何精细度 Geometric Fineness

建模过程中，模型几何信息可视化精细程度指标。低于建模几何精度的几何变化，当不影响使用需求时，可不必可视化表达。

1.15 交付物 Deliverables

基于建筑信息模型的可供交付的设计成果，包括但不限于各专业信息模型（原始模型或经产权保护处理后的模型），基于信息模型形成的各类视图、分析表格、说明文档、辅助多媒体等。

1.16 专业交付信息几何 Professional Information Deliverable Set

根据使用需求，从建筑工程信息模型中提取的工程信息的集合。

1.17 地理信息系统 Geographic Information System

简称"GIS"。一种信息技术，是在计算机硬、软件的支持下，以地理空间数据库（Geospatial Database）为基础，以具有空间内涵的地理数据为处理对象，运用系统工程和信息科学的理论，采集、存储、显示、处理、分析、输出地理信息的计算机系统，为规划、设计、施工、运维、管理和决策提供信息来源和技术支持。

"3D GIS"即"三维GIS"，是一个三维空间地理信息系统，能实现实时反射、实时折射、动态阴影等高品质、逼真的实时渲染3D图像。

1.18 虚拟现实技术 Virtual Reality

简称"VR"，也称"灵境技术"或"人工环境"。采用以计算机技术为核心的现代科技手段和特殊输入、输出设备模拟产生的逼真的虚拟世界。在这个虚拟世界中，用户可以像在自然世界中一样沉浸其中，通过自由、主动的交互得到身临其境的感受。用户可以通过视觉、听觉、触觉、嗅觉等多通道的感官功能看到、听到、摸到、闻到如同现实世界一样真实的场景。

1.19 增强现实技术 Augmented Reality

简称"AR"。指一种实时计算摄影机影像的位置及角度并加上相应图像、视频、3D模型的技术，其目标是在屏幕上把虚拟世界与现实世界叠加并进行互动。

1.20 倾斜摄影 Oblique Photography

通过在同一飞行平台上搭载多台传感器，同时从垂直、倾斜等不同的角度采集影像，获取地面物体更为完整准确的信息。这种摄影测量技术称为"倾斜摄影测量技术"，所获取的影像为"倾斜影像"。

1.21 云计算 Cloud Computing

一种按使用量付费的模式，提供可用的、便捷的、按需的网络访问，进入可配置的计算资源共享池（资源包括网络、服务器、存储、应用软件、服务等），这些资源能够被快速提供，只需投入很少的管理工作，或与服务供应商进行很少的交互。

1.22 云平台 Cloud Platform

也称为"云计算平台"。是指基于硬件的服务，提供计算、网络和存储能力。具备如下特征：硬件管理对使用者/购买者高度抽象；使用者/购买者对基础设施的投入被转换为 OPEX（Operating Expense，即运营成本）；基础设施的能力具备高度的弹性（增和减）。可分为以数据存储为主的存储型云平台、以数据处理为主的计算型云平台、计算和数据存储处理兼顾的综合云计算平台三类。

1.23 电厂标识系统 Kraftwerk-Kennzeichen System

简称"KKS编码"。指对电厂中各种对象按照其内在联系进行统一分类、统一编码、统一标识的过程和方法，使各种对象的相关信息在电厂的整个生命周期内都具有唯一的标识。

1.24 大数据分析 Big Data

也称"巨量数据集合"。指无法在一定时间范围内用常规软件工具进行捕捉、管理和处理的数据集合，是需要新处理模式才能具有更强的决策力、洞察发现力和流程优化能力的海量、高增长率和多样化的信息资产。具有5V特点（IBM提出），即 Volume（大量）、Velocity（高速）、Variety（多样）、Value（低价值密度）、Veracity（真实性）。

1.25 人工智能 Artificial Intelligence

简称"AI"。是研究、开发用于模拟、延伸和扩展人的智能的理论、方法、技术及应用系统的一门新的技术科学。

2 综合管廊概述

2.1 综合管廊简介

2.1.1 综合管廊的适建区域

传统的城市地下管线各自为政地敷设在道路的浅层空间内，管线的增容扩容不但造成了"拉链路"现象，而且导致了管线事故频发，极大地影响了城市的安全运行。目前，我国城镇化进程十分迅速，为提升城市管线建设水平，保障市政管线的安全运行，有必要采用新的管线敷设方式，即综合管廊。

适宜建设综合管廊的区域主要包括：城市新区、城市主干道或景观道路、重要商务商业区、旧城改造及其他符合市政公用管线敷设需求的区域。

市政公用管线遇到下列情况之一时，宜采用综合管廊形式规划建设：

（1）交通运输繁忙或地下管线较多的城市主干道以及配合轨道交通、地下道路、城市地下综合体等建设工程地段。

（2）城市核心区、中央商务区、地下空间高强度成片集中开发区、重要广场、主要道路的交叉口、道路与铁路或河流的交叉处、过江隧道等。

（3）道路宽度难以满足直埋敷设多种管线的路段。

（4）重要的公共空间。

（5）不宜开挖路面的路段。

2.1.2 综合管廊的分类

综合管廊根据其所收容的管线不同可分为干线综合管廊、支线综合管廊、缆线综合管廊和干支线混合综合管廊四种，从满足功能需要方面又可分为单舱、双舱或多舱综合管廊。

2.1.2.1 干线综合管廊

干线综合管廊是采用独立分舱方式建设，用于容纳市政公用主干管线的综合管廊。干线综合管廊一般设置于机动车道或道路中央下方，主要连接原站（如自来水厂、发电厂、热力厂等）与支线综合管廊，一般不直接服务于沿线地区。综合管廊内主要容纳的管线为高压电力电缆、信息主干电缆或光缆、给水主干管道、热力主干管道等，有时结合地形也将排水管道容纳在内。在干线综合管廊内，电力电缆主要从超高压变电站输送至一、二次变电站，信息电缆或光缆主要为转接局之间的信息传输，热力管道主要为热力厂至调压站之间的输送。干线综合管廊的断面通常为圆形或多格箱形，如图 2-1-1 所示，综合管廊内一般要求设置工作通道及照明、通风等设备。干线综合管廊的特点主要为：

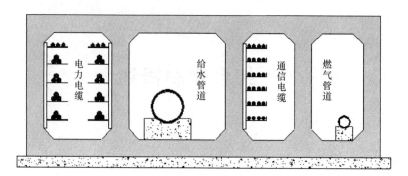

图 2-1-1　干线综合管廊示意

（1）稳定、大流量的运输。

（2）高度的安全性。

（3）紧凑的内部结构。

（4）可直接供给到稳定使用的大型用户。

（5）一般需要专用的设备。

（6）管理及运营比较简单。

2.1.2.2　支线综合管廊

支线综合管廊是采用单舱或双舱方式建设，用于容纳市政公用配给管线的综合管廊。

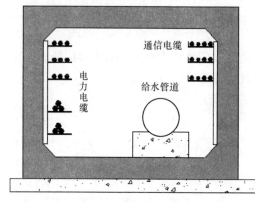

图 2-1-2　支线综合管廊示意

支线综合管廊主要将各种供给从干线综合管廊分配、输送至各直接用户。一般设置在道路的两旁，容纳直接服务于沿线地区的各种管线。支线综合管廊的截面以矩形较为常见，一般为单舱或双舱箱形结构，如图 2-1-2 所示，综合管廊内一般要求设置工作通道及照明、通风等设备。支线综合管廊的特点主要为：

（1）有效（内部空间）截面较小。

（2）结构简单，施工方便。

（3）设备多为常用定型设备。

（4）一般不直接服务于大型用户。

2.1.2.3　缆线综合管廊

采用单舱方式建设，设有可开启盖板，但其内部空间不能满足人员正常通行要求，用于容纳电缆和通信线缆的管廊。缆线管廊一般设置在道路的人行道下面，其埋深较浅，一般在 1.5 米左右。截面以矩形较为常见，如图 2-1-3 所示，一般不要求设置工作通道及照明、通风等设备，仅设置供维修时用的工作手孔即可。

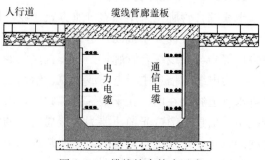

图 2-1-3　缆线综合管廊示意

2.1.2.4 干支线混合综合管廊

干支线混合综合管廊将干线综合管廊和支线综合管廊相结合，在管廊内既有市政公用主干管线，也有市政公用配给管线，按照不同管线类型进行分舱敷设，采用双舱或多舱方式建设，一般适用于较宽的市政道路，如图 2-1-4 所示。

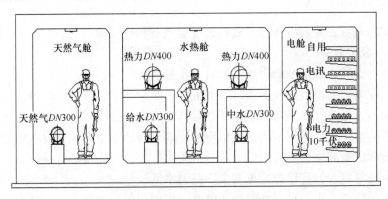

图 2-1-4　干支线混合综合管廊示意

2.1.3　综合管廊的特点

综合管廊的特点主要有：综合性、长效性、高效性、环保性、可维护性、高科技性、抗震防灾性、投资多元性及营运可靠性。

（1）综合性：科学利用地下空间资源，将各类市政管线集中布置，形成新型城市地下网络管理系统，使各种资源得到有效整合与利用。

（2）长效性：使用寿命为 100 年，按规划要求预留发展增容空间，做到一次资金投入，长期有效使用。

（3）高效性：一次投资、同步建设、多方使用、共同受益，避免多头管理、重复建设，降低和控制综合成本。

（4）环保性：市政管线按规划需求一次性集中敷设，地面与道路可在较长时间内不因管线更新而再度开挖，为城市环境保护创造条件。管廊地面出入口和风井，可结合维护管理和城市美化需要，建成独具特色的景观。

（5）可维护性：预留巡查和维护检修空间，人员设备出入口和配套保障的设备设施配置完善。

（6）高科技性：设置现代化智能综合监控管理系统，采用以智能化固定监测与移动监测相结合为主、人工定期现场巡视为辅的多种高科技手段，确保廊内全方位监测、运行信息不间断反馈和低成本、高效率的维护管理效果。

（7）抗震防灾性：各类市政管线集中设于廊内，可抵御地震、台风、冰冻、侵蚀等多种自然灾害。在预留适当人员通行空间条件下，兼顾设置人防功能，并与周边人防工程相连接，非常状态下可发挥紧急避难作用，减少人民财产损失。

（8）投资多元性：将过去政府单独投资市政工程的方式，扩展到民营企业、社会力量和政府等多方面共同投资、共同收益的形式，发挥政府主导性和各方面积极性，加快城市现代化进程，有效解决市政工程筹资融资难度大的问题。

（9）营运可靠性：廊内结合防火、防爆、管线使用、维护保养等要求设置分隔区段，并制定相关的营运管理标准、安全监测规章制度和抢修、抢险应急方案，为管廊安全使用提供技术管理保障。

2.1.4 综合管廊的效益

综合管廊的效益主要表现在经济效益、社会效益和环境效益三个方面。

2.1.4.1 经济效益

地下综合管廊属于城市基础设施，具有一次投资大、直接收益小的特点。但综合管廊建成后降低了廊内各类市政管线的运行维护成本，减少了"马路拉链"的反复投资，进而降低了使用成本，形成其经济效益。另外，综合管廊内各类市政管线布置紧凑合理，有效利用了道路下的空间，这不仅节约了城市用地，而且对地下空间的开发利用起到良好的促进作用，对提升区域品质、增强沿线地块经济价值产生巨大间接经济效益。

（1）避免反复投入，管线运营更安全，漏失率低

综合管廊的建设，避免了将来因管线维修、扩容而引起的道路二次开挖，由此直接降低了道路的二次建设、维护费用，增强了路面的完整性和耐久性。同时，管线纳入综合管廊，管线使用寿命延长，管线损坏、更换次数减少，管线运营更安全，漏失率降低。

（2）缩短建设周期

综合管廊的建设，避免了给水管道、供热管道、燃气管道、电力排管或电缆沟（或电力隧道）、通信排管工程在建设初期交叉投入，节省了管线进行传统直埋施工各自所需花费的投资，同时节约了时间，加快了建设进度，保证了工程质量。

（3）节约土地资源

各类直埋管线会占用道路下很大范围的用地，使得道路改建或管线扩容用地不够。架空管线尤其是超高压电力线路则会占用很多的建设用地。而综合管廊的建设，节省了管线占地所带来的直接或隐形的经济费用，将这些用地投入土地市场能带来很大一笔收益。

（4）提升地块品质

综合管廊的建设提升了沿线地块的品质，从而间接提高了土地价值，增强了片区经济竞争力。

2.1.4.2 社会效益

综合管廊的附属设施配置完善，对各类管线的保护维修能力大大增强，延长了其使用寿命，提升了城市的防灾能力和安全等级；综合管廊便于各种管线的检修、扩容与接入接出，避免了道路的二次开挖以及对于城市交通的影响，提升了城市的可持续发展能力；城市架空管线进入综合管廊，不仅减少了架空管线与绿化、地块及城市的连续性矛盾，而且使城区更加整齐和美观。

（1）提高道路使用效率

因避免或减少了道路开挖，从而减少了将来对城市交通的干扰，保证了道路交通的畅通，同时因路面状况改善可以提高行驶速度，减少了交通拥堵等待时间，节约旅客时间成本。减少了政府以及管线公司由于管线扩容、管线维修、道路维修所产生的一系列的行政成本，产生了巨大的社会经济效益。

（2）改善车辆行驶环境

管线纳入综合管廊后，取消了检修井，路面不再出现井盖，路面平整度明显提高，行车舒适性、安全性大大提升，从而改善车辆使用状况并延长车辆寿命。

（3）节约行政资源

避免了"马路拉链"，减少了政府以及管线公司由于管线扩容、管线维修、道路维修所产生的一系列的行政成本，提升政府公信度。

（4）改善居住环境

超高压架空线的架设不仅分割了城市功能，而且架空线的建设往往滞后于地块的开发，在周边居民已入住的情况下建设架空线，影响居民生活出行。综合管廊的建设较好地避免了这方面的社会问题。

（5）防灾减灾

综合管廊具有坚固的混凝土或钢制结构，设计规范对其抗震、防渗功能等都有明确规定，因此具有良好的防灾功能。在地震、洪水、台风等自然灾难及火灾、爆炸等不可控灾难下，能够尽量减少对廊内管线的损坏，并实现灾后快速修复，保证对城市的供给。

2.1.4.3 环境效益

综合管廊解决了架空线对城市功能的分割影响，保证城市的建设能够形成一个整体，具有显著的环境效益。

（1）城市架空管线进入综合管廊，这不仅减少了架空管线与绿化的矛盾，改善了周边的景观环境，使城市更加整齐和美观，也提升了区域整体形象，进而促进地面建筑增值。

（2）架空线对城市功能的分割，就像高架道路的建设一样，使得城市建设无法形成一个整体，而综合管廊的建设较好地避免了这些问题。

（3）由于综合管廊内工程管线布置紧凑合理，有效利用了道路下的空间，这不仅节约了城市用地，而且对地下空间的开发利用起到良好的促进作用。

2.1.5 综合管廊的组成

综合管廊主要由主体工程和附属设施工程组成。

2.1.5.1 主体工程

综合管廊主体工程主要包括标准段、节点构筑物和辅助建筑物等。

（1）标准段。

（2）节点构筑物：交叉节点、管线引出、投料口、出入口、通风口等。

（3）辅助建筑物：监控中心、生产管理用房等。

2.1.5.2 附属设施工程

综合管廊的附属设施主要有：消防设施、通风设施、供电及照明设施、排水设施、监控及报警设施和标识设施等。

（1）消防设施

综合管廊的消防设施主要由防火分隔、灭火器材等构成。综合管廊内相应部位需进行防火分隔，防火分隔包括防火门、防火墙、耐火隔板和封闭式耐火槽盒等。灭火器材包括自动灭火系统、手提式灭火器等。自动灭火系统设置于含有电力电缆的舱室，手提式灭火器设置于其他舱室、管廊沿线、人员出入口、逃生口等处。

（2）通风设施

综合管廊采用自然或机械进风与机械排风相结合的通风方式，排出廊内余热、余湿，保证人员检修时的空气质量。通风设施由进排风口、风机、风道、防火阀等构成。

（3）供配电与照明设施

综合管廊根据其建设规模、周边电源情况、综合管廊运行管理模式，确定供配电系统接线方案、电源供电电压、供电点、供电回路数及容量，配备照明、接地及防雷设施。电气设施主要包括变配电所、配电箱、设备控制箱、各类灯具、应急疏散标识、接地系统等。

（4）监控与报警设施

综合管廊的监控与报警设施由多个系统组成，主要包括环境与设备监控系统、安全防范系统、通信系统、预警与报警系统、地理信息系统和统一管控信息平台等。

环境与设备监控系统的设备主要包括环境监控主机、ACU 区域控制单元、气体传感器、水位传感器、温湿度传感器等。

安全防范系统主要包括视频监控、入侵探测与报警、出入口控制、电子巡查管理等部分。设备主要包括网络摄像机、双光束红外线自动对射探测器及报警装置、电子巡查装置等。

通信系统包括固定电话和无线对讲两个部分。设备主要包括光纤电话主机、光纤电话副机、无线 AP 等。

预警与报警系统主要包括火灾报警系统、可燃气体报警系统两个部分。火灾自动报警系统的设备主要包括区域火灾报警控制器、手动报警按钮、火灾声光报警器、火灾探测器等；可燃气体报警系统的设备主要包括可燃气体报警控制器、天然气探测器、防爆声光报警器等。

（5）排水设施

用于排出廊内由于管道维修、管道渗漏、设备调试等造成的积水，主要包括管廊低点集水坑、自动水位排水泵、逆止阀、排水明沟等。

（6）标识设施

主要包括导向标识、功能系统管理标识、专业管道标识、警示禁止标识、设备辅助提示类标识等。

（7）智能装备

主要包括结构监测系统、管线监测系统、智能巡检机器人系统、智能巡检仪、AR 系统、VR 系统等。

2.1.6 入廊管线

一般市政管线包括：给水管线、燃气管线、电力电缆、电信电缆、通信光缆（交通信号线缆、广电线缆等）、热力管线（供冷、供热管线）、污水、雨水管线等。随着生活水平的提高、科学技术的进步以及节能环保理念的推广，近年来市政管线还增加了中水（再生水）、垃圾输送、直饮水等管线。

对以上管线是否纳入综合管廊的问题，一般根据社会发展状况、规划情况、技术经济比较、安全保障以及维护管理等因素综合考虑确定，应特别注意入廊管线种类和容量两个方面的问题。

2.1.6.1　入廊管线种类

（1）给水（含直饮水、中水）管道

给水管道（含直饮水、中水）是压力管道，布置较为灵活，且日常维修概率较高，适合纳入管廊。共舱敷设比双舱单独敷设可节省约20％的建设费用。

在综合管廊内，给水管道一般敷设在支（吊）架或支墩上，管道沿线设置有伸缩节、闸阀、排气阀、排泥阀、三通或四通等。

（2）污水管道

污水管道分为重力污水管道和有压污水管道。重力污水管道由于有一定的排水坡度，并要求每隔一定的距离设置检查井，如纳入管廊将增大管廊的埋设深度，从而增加建设费用。同时，污水管道内会产生硫化氢、甲烷等有毒、易燃、易爆气体，对管廊运行安全造成不利影响。如在竖向高度符合的情况下，可以考虑将重力污水管道纳入综合管廊。而有压污水管道，在考虑有毒气体处理的情况下，可以纳入综合管廊内敷设。

在综合管廊内，重力污水管道在管廊内一般敷设在支（吊）架或支墩上，管道沿线设置有廊内工作井、廊外工作井、通气管、闸板井等。有压污水管道在管廊内的构成与给水管线相同。

（3）雨水管道

雨水管道分为重力雨水管线和有压雨水管线。重力雨水管道与重力污水管道情况基本类似，需要有一定的排水坡度，每隔一定的距离需要设置雨水井，只是一般很少产生有毒、易燃、易爆气体。重力雨水管道纳入综合管廊，需结合管道、管廊埋深综合考虑。在竖向高度符合的情况下，可以考虑将重力雨水管道纳入综合管廊。同样，有压雨水管道也可纳入综合管廊内敷设。

在综合管廊内，雨水管道可采用管道排水或结构本体排水两种形式。采用管道排水时，其构成与污水管道相同。

（4）天然气管道

天然气管道是一种对安全性要求较高的压力管道，容易受外界因素干扰和破坏造成泄漏，引发安全事故。

天然气管道入廊的优点在于，可利用监控设备随时监控管线状态，当发生燃气泄漏时，可立即采取相应的救援措施，避免燃气外泄情形的扩大，最大程度地降低灾害的发生和引发的损失。而其入廊的缺点在于，建设成本以及使用过程中的安全管理与安全维护成本较传统直埋方式高（约30％，不含燃气管道自身的投资）。为保证燃气管线和人员的安全，必须在管廊内设置独立的燃气管道舱室，设置独立的通风系统，配备相应的安全防护等设施，以及完善的燃气管道监控与检测设备。监测仪表的更换周期也相对较短。因此，需在经济条件许可的情况下因地制宜考虑天然气管道是否纳入综合管廊。

在综合管廊内，天然气管道一般设置在支墩或支架上，支墩或支架上设置管道支座，管道与管箍之间采用绝缘橡胶垫片保护。天然气管道沿线设置管道补偿器、分段阀等。

（5）热力（含供热、供冷）管道

热力管道宜与给水管道、电力电缆、通信电缆等其他多种城市工程管线共同纳入综合管廊。热力管线入廊敷设时需要考虑热补偿，设置伸缩器。由于热力管道自身散热较大，敷设时需做保温隔热处理。当热力管道采用蒸汽介质时，所设置的排气管应引至综合管廊外部安全空间，并与周围环境相协调。

在综合管廊内，热力管道一般敷设在支墩或支架上。管道附件包括弯头、异径管、三通、法兰、阀门及放气、放水、补偿装置等。供热管道工程中常用的阀门有：闸阀、截止阀、止回阀、柱塞阀、蝶阀、球阀、减压阀、安全阀、疏水阀、平衡阀等。

（6）电力电缆、通信及广播电视电缆

电力电缆、通信及广播电视电缆具有不易受管廊横断面、纵断面变化限制的优点，适宜纳入综合管廊。由于电力电缆对通信电缆有干扰影响，敷设时需考虑抗干扰措施。

在综合管廊内，10千伏及以上电力电缆和大截面自用供电干线电缆一般敷设在支架上，小截面自用电缆一般敷设在桥架、线槽上。110千伏及以上电力电缆在管廊内一般采用水平蛇形敷设或垂直蛇形敷设方式。电缆沿线包括电缆接头、接地装置等，电缆转弯时按照不小于转弯半径敷设。通信及广播电视电缆一般敷设在桥架上或支架上的管道内，自用通信电缆一般敷设在线槽上。通信电缆沿线设置有通信接头。

（7）路灯电缆

路灯电缆由于埋设较浅，且数量庞大，为减少综合管廊抽头数量，降低漏水的可能性，路灯电缆不宜纳入综合管廊。

（8）垃圾输送管道

垃圾输送管道一般是真空运输管道，与压力管道类似，可纳入综合管廊。

2.1.6.2 入廊管线容量

综合管廊的设计依据是城市总体规划、控制性详细规划以及管线专项规划，总规的有效期为20年，其他规划的有效期则一般受城市总体规则限制，年限只少不多。《城市综合管廊工程技术规范》GB 50838—2015规定综合管廊使用年限为100年，与现阶段规划年限存在矛盾。《城市综合管廊工程技术规范》GB 50838—2015中明确指出综合管廊工程规划应符合城市总体规划要求，规划年限应与城市总体规划一致，并应预留远景发展空间。管廊首选需要满足规划期限内的管线容量需求，同时还要再预留一定容量。在管廊设计中，在依据规划的基础上，结合城市发展远景考虑适当放大可入廊管线的管径，从而满足未来城市发展对综合管廊的使用要求。

2.1.7 综合管廊的断面

综合管廊的断面空间直接关系到管廊所容纳的管线数量以及综合管廊工程造价与运行成本。断面空间需满足各管线平行敷设的间距要求，行人通行的净高和净宽要求，以及各类管线安装、检修所需的空间。

2.1.7.1 断面设置的考虑因素

在确定综合管廊的断面尺寸时，主要考虑以下几点：

（1）综合管廊容纳管线的种类、规格、数量要求。

（2）综合管廊容纳管线共舱设置时，相互间的抗干扰要求。

（3）综合管廊容纳管线的运输、安装要求。

（4）综合管廊本体、附属设施及其容纳管线的运行、维护、检修要求。

2.1.7.2 断面形式

综合管廊的横断面大体可分为矩形和圆形两种形式，一般根据纳入的市政管线种类、数量、施工方法、地下空间情况和当地的经济情况等确定。

（1）矩形断面

矩形断面综合管廊如图 2-1-5、图 2-1-6 所示。综合管廊采用矩形断面的优点是建设成本低、利用率高、保养维修操作和空间结构分割容易、管线敷设方便，一般适用于新开发区、新建道路等空旷的区域。

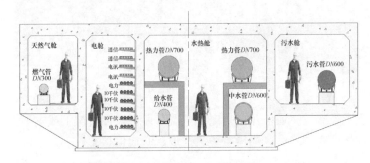

图 2-1-5　矩形断面综合管廊示意（1）

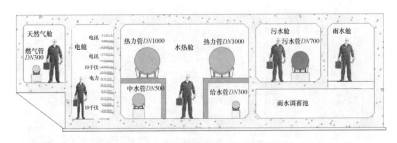

图 2-1-6　矩形断面综合管廊示意（2）

矩形断面综合管廊采用现浇结构或预制结构皆可。现浇综合管廊结构施工简单，附属设施尺寸不受制约，投资额度较预制管廊低。预制综合管廊在制造厂内制造管段，其质量要比现场施工质量好，预制管段安装速度较快，安全性也较高。预制拼装一般分为整体式、半整体式、结构构件化三种工法。

（2）圆形断面管廊

当新建综合管廊需要穿越繁华城区的主干道、地铁、河流以及其他障碍物时，可采用盾构或顶管等施工方法。此时，综合管廊一般采用圆形断面，见图 2-1-7～图 2-1-10。圆形断面综合管廊的主体结构材料一般为混凝土或钢制管片。

图 2-1-7　圆形断面综合管廊内部

图 2-1-8　圆形断面管廊盾构施工

图 2-1-9　圆形断面综合管廊装配式混凝土管节

图 2-1-10　圆形断面（多弧形）装配式钢制综合管廊

2.2　综合管廊政策及法规

2006 年，城市地下综合管廊首次以国家级技术推广的形式扩大了其社会认知。历经十年的小规模试验性建设，至 2015 年，城市地下综合管廊建设作为国民经济增长的重要引擎，已上升成为国家城市建设的第三战略。

在十多年的发展建设过程中，国家先后发布了一系列与城市地下综合管廊有关的政策、法令、法规。就此，本书将以时间线为顺序进行简要回顾。

2.2.1　国家政策的引导与支持

（1）2006 年，建设部发布《建设事业"十一五"重点推广技术领域》（建科〔2006〕315 号），其中要求重点推广城市市政公用地下综合管廊与地下管线敷设技术和地下工程配套技术。

（2）2011年，发改委发布《产业结构调整指导目录（2011年本）》（第9号令），指出市政基础设施中的综合管廊属于第一类鼓励类项目。

（3）2013年，国务院下发《关于加强城市基础设施建设的意见》（国发〔2013〕36号），要求"加大城市管网建设和改造力度"，"开展城市地下综合管廊试点，用3年左右时间，在全国36个大中城市全面启动地下综合管廊试点工程；中小城市因地制宜建设一批综合管廊项目。新建道路、城市新区和各类园区地下管网应按照综合管廊模式进行开发建设"。

（4）2014年3月，中共中央、国务院印发《国家新型城镇化规划（2014～2020年）》，明确提出"统筹电力、通信、给水排水、供热、燃气等地下管网建设，推行城市综合管廊，新建城市主干道路、城市新区、各类园区应实行城市地下管网综合管廊模式"。

（5）2014年6月，国务院下发《国务院办公厅关于加强城市地下管线建设管理的指导意见》（国办发〔2014〕27号），指出"为切实加强城市地下管线建设管理，保障城市安全运行，提高城市综合承载能力和城镇化发展质量"，要求"稳步推进城市地下综合管廊建设"，"在36个大中城市开展地下综合管廊试点工程，探索投融资、建设维护、定价收费、运营管理等模式，提高综合管廊建设管理水平。通过试点示范效应，带动具备条件的城市结合新区建设、旧城改造、道路新（改、扩）建，在重要地段和管线密集区建设综合管廊"。

（6）2014年12月，财政部、住建部下发《关于开展中央财政支持地下综合管廊试点工作的通知》（财建〔2014〕839号），明确"中央财政对地下综合管廊试点城市给予专项资金补助"。

（7）2015年1月，财政部、住建部下发《关于组织申报2015年地下综合管廊试点城市的通知》（财办建〔2015〕1号）。

（8）2015年3月，发改委办公厅发布《城市地下综合管廊建设专项债券发行指引》，加大对综合管廊建设的债券融资支持力度。

（9）2015年4月，财政部、住建部公布《2015年地下综合管廊试点城市名单公示》，包头、沈阳、哈尔滨、苏州、厦门、十堰、长沙、海口、六盘水、白银等十个城市入选首批地下综合管廊试点城市。

（10）2015年6月，财政部、住建部下发《关于印发〈城市管网专项资金管理暂行办法〉的通知》（财建〔2015〕201号），《城市管网专项资金管理暂行办法》明确了地下综合管廊建设试点属于专项资金支持事项。

（11）2015年7月，国务院总理李克强主持召开国务院常务会议，部署推进城市地下综合管廊建设，要求用好地下空间资源，提高城市综合承载能力，打造经济发展新动力，扩大公共产品供给，提高新型城镇化质量。张高丽副总理明确表示，要把地下管线和综合管廊列入与棚户区改造、高铁、水利三大工程同等重要的工程来抓。

（12）2015年8月，国务院办公厅发布《关于推进城市地下综合管廊建设的指导意见》（国办发〔2015〕61号），将地下综合管廊建设作为履行政府职能、完善城市基础设施的重要内容，总结国内外先进经验和有效做法，逐步提高城市道路配建地下综合管廊的比例，全面推动地下综合管廊建设。

（13）2015年9月，住建部在广东珠海举办《全国城市地下综合管廊规划建设培训班》，陈政高部长在座谈会上作重要讲话，指出全国地下综合管廊建设已全面启动，讲话强调了建设综合管廊的重要作用和有利条件，并对建设工作提出四点要求。陆克华副部长作《关于推进城市地下综合管廊建设》的主题报告。

（14）2015年11月，发改委、住建部下发《关于城市地下综合管廊实行有偿使用制度的指导意见》（发改价格〔2015〕2754号），明确了城市地下综合管廊各入廊管线单位应向管廊建设运营单位支付管廊有偿使用费用，并就费用构成以及保障措施提出意见。

（15）2016年3月，国务院总理李克强在政府工作报告中指出，将于年内开工建设城市地下综合管廊2000公里以上。

（16）2016年3月，财政部、住建部印发《城市管网专项资金绩效评价暂行办法》（财建〔2015〕201号），附《地下综合管廊试点绩效评价体系》。

（17）2016年4月，财政部、住建部公布石家庄、四平、杭州、合肥、平潭综合试验区、景德镇、威海、青岛、郑州、广州等十个城市入选第二批地下综合管廊试点城市。

（18）2016年4月，住建部建立全国城市地下综合管廊建设信息周报制度。

（19）2016年4月，住建部、财政部下发《住房城乡建设部办公厅、财政部办公厅关于开展地下综合管廊试点年度绩效评价工作的通知》（建办城函〔2016〕375号），明确了评价内容其他相关要求。

（20）2016年5月，住房城乡建设部和财政部组织专家成立绩效评价小组，对包头等十个第一批中央财政支持地下综合管廊建设试点城市2015年度绩效进行评价。

（21）2016年5月，住建部、能源局印发《住房城乡建设部　国家能源局关于推进电力管线纳入城市地下综合管廊的意见》（建城〔2016〕98号），鼓励电网企业参与投资建设运营城市地下综合管廊，共同做好电力管线入廊工作。

（22）2016年6月，住建部、能源局出台意见，鼓励电网企业参与投资建设运营地下管廊。

（23）2016年6月，住建部召开推进城市地下综合管廊建设电视电话会议，陈政高部长要求以高度的历史责任感抓好地下管廊建设，并再次强调要坚决落实管线全部入廊的要求。

（24）2016年8月，住建部倪虹副部长在部分省市推进地下管廊建设工作座谈会上强调，抢抓机遇，尊重规律，改革创新，着力补上城市基础设施"短板"。

（25）2016年8月，住建部发布《住房城乡建设部关于提高城市排水防涝能力推进城市地下综合管廊建设的通知》（建城〔2016〕174号），强调"加快城市地下综合管廊建设，补齐城市防洪排涝能力不足短板"。

（26）2017年5月，住建部、发改委印发《全国城市市政基础设施建设"十三五"规划》（建城〔2017〕116号），提出"有序推进综合管廊建设，至2020年，全国城市道路综合管廊综合配建率力争达到2%左右（城市新区新建道路综合管廊建设率30%），并建成一批布局合理、入廊完备、运行高效、管理有序的具有国际先进水平的地下综合管廊并投入运营"，以及"推进市政设施智慧建设，提高安全运行管理水平"的要求。

（27）2018年3月，国务院总理李克强在十三届全国人大一次会议开幕式上所作的政府工作报告中指出，在推进城镇化方面要"加强排涝管网、地下综合管廊等建设"。

2.2.2　现行国家法规及标准

（1）《城市综合管廊工程技术规范》GB 50838—2015，由住建部与质检总局于 2015 年 5 月联合发布，并自 2015 年 6 月 1 日起实施。原《城市综合管廊工程技术规范》GB 50838—2012 于 2015 年 5 月废止。

（2）《城市地下综合管廊工程规划编制指引》，由住建部制定，于 2015 年 5 月印发。

（3）《城市综合管廊工程投资估算指标》（ZYA1—12（10）—2015）（试行），由住建部组织编制，于 2015 年 6 月印发，并自 2015 年 7 月 1 日起施行。

（4）《城市综合管廊国家建筑标准设计体系》，由住建部组织编制，并于 2016 年 1 月印发。

（5）《城市地下综合管廊工程消耗量定额》，由住建部组织编制，于 2016 年 11 月发布《第一册　建筑和装饰工程》和《第二册　安装工程》的征求意见稿；于 2017 年 6 月正式印发，并自 2017 年 8 月 1 日起执行。

（6）《城镇综合管廊监控与报警系统工程技术标准》GB/T 51274—2017，由住建部组织编制，自 2018 年 7 月 1 日起实施。

2.3　综合管廊建设现状

2.3.1　国外综合管廊建设情况

（1）欧洲

综合管廊于 19 世纪发源于欧洲，最早是在圆形排水管道内装设自来水、通信等管道。早期的综合管廊由于多种管线共处一室，且缺乏安全检测设备，容易发生意外，因此综合管廊的发展受到很大的限制。

法国巴黎于 1832 年发生霍乱大流行后，研究发现城市的公共卫生系统建设对于抑制流行病的发生与传播至关重要，于是第二年，巴黎着手规划市区下水道系统网络，并在管道中收容自来水（包括饮用水及清洗用的两类自来水）、通信电缆、压缩空气管道及交通信号电缆等五种管线，这是历史上最早规划建设的综合管廊形式。至 1878 年，巴黎地区已建成 650 公里的排水管网。此后，经过不断扩建，逐步形成 2374 公里的排水及管廊系统。

近代以来，巴黎市逐步推动综合管廊规划建设。19 世纪 50～60 年代，为配合巴黎市副中心——拉德芳斯新区的开发，规划了完整的综合管廊系统，收容自来水、电力电缆、电信、冷热水、集尘等管线。为适应现代城市管线种类多和敷设要求高等特点，综合管廊的断面也修改为矩形。迄今为止，巴黎市区及郊区的综合管廊总长已达 2100 公里，堪称世界城市里程之首。法国也制定了在所有有条件的大城市中建设综合管廊的长远规划，为综合管廊在全世界的推广树立了良好的榜样（图 2-3-1～图 2-3-3）。

英国于 1861 年在伦敦市区兴建综合管廊，采用 12 米×7.6 米的半圆形断面，除收容自来水管、污水管及瓦斯管、电力、电信外，还敷设了连接用户的供给管线。迄今伦敦市区已建设超过 22 条综合管廊，其建设经费完全由政府筹措，建成后综合管廊属伦敦市政府所有，再由市政府出租给管线单位使用（图 2-3-4）。

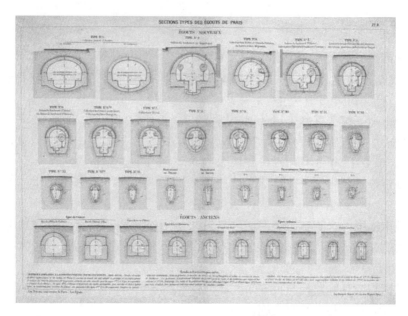

图 2-3-1　巴黎综合管廊断面

图 2-3-2　巴黎综合管廊

　　德国的综合管廊建设开始于 19 世纪 90 年代。1893 年，汉堡市的 Kaiser -Wilhelm 街的两侧人行道下方，兴建了 450 米的综合管廊，收容暖气、自来水、电力、电信、煤气等管线，但不含排水管道。德国的第一条综合管廊在建成后就出现了使用上的困扰，自来水管道破裂使综合管廊内积水，热水管道敷设后隔热材料无法全面更换，沿街建筑物的配管以及过路管的敷设仍需开挖路面。同时，由于设计预留的断面空间不足，新增用户不得不在原管廊外的道路地面下再增设直埋管线。尽管存在种种缺陷，但综合管廊在当时评价仍很高。原东德的苏尔市（Suhl）和哈利市（Halle）于 1964 年开始兴建综合管廊的实验计划，于 1970 年建成 15 公里以上的综合管廊并开始营运，拟定在全国推广综合管廊的网络系统计划。前东德建设的综合管廊所收容的管线包括雨水、污水、饮用水、热水、瓦斯管道，工业用水干管，以及电力、通信、路灯电缆（图 2-3-5）。

　　西班牙在 1933 年开始计划建设综合管廊。1953 年，马德里市首先开始进行综合管廊的规划与建设，当时称为"服务综合管廊计划"，而后演变成目前广泛使用的综合管廊管

图 2-3-3 巴黎下水道博物馆

图 2-3-4 伦敦综合管廊

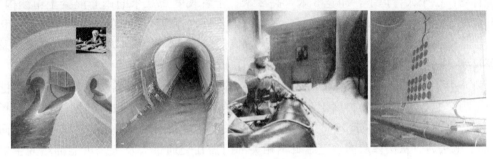

图 2-3-5 德国综合管廊

道系统。当地政府调研发现，建设综合管廊的道路路面开挖的次数大幅减少，路面塌陷与交通阻塞的现象也得以消除，道路寿命也比其他道路显著延长，在技术和经济上都收到了满意的效果。随后，综合管廊逐步得以推广。

俄罗斯的地下综合管廊也相当发达。莫斯科地下有 130 公里的综合管廊，收容除煤气管外的各种管线，且大部分为预制拼装结构，分为单室及双室两种（图 2-3-6）。

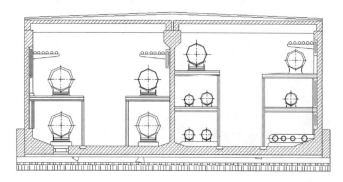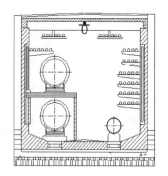

图 2-3-6 莫斯科综合管廊断面示意

（2）北美

美国和加拿大虽然国土辽阔，但因城市高度集中，城市公共空间用地矛盾仍十分尖锐。

美国自 1960 年起，即开始了综合管廊的研究。研究结果认为，从技术、管理、城市发展及社会成本上看，建设综合管廊都是可行且必要的。1970 年，美国在 White Plains 市中心建设综合管廊，其他如大学校园内、军事机关或为特别目的而建设，但均不成系统网络，除了煤气管外，几乎所有管线均收容在综合管廊内。此外，美国具有代表性的还有纽约市从束河下穿越并连接 Astoria 和 Hell Gate Generatio Plants 的隧道，该隧道长约 1554 米，收容有 345 千伏输配电力缆线、电信缆线、污水管和自来水干线，而阿拉斯加的 Fairbanks 和 Nome 建设的综合管廊系统，是为防止自来水和污水受到冰冻，前者长约有六个廊区，而后者是唯一将整个城市市区的供水和污水系统纳入综合管廊的，沟体长约 4022 米。

加拿大的多伦多和蒙特利尔市，也有很发达的地下综合管廊系统。

（3）亚洲

日本综合管廊的建设始于 1926 年。为便于推广，日本将综合管廊形象地称之为"共同沟"。东京关东大地震后，鉴于地震灾害原因，以试验方式设置了三处共同沟：九段阪综合管廊，位于人行道下，净宽 3 米，高 2 米，干管长度 270 米的钢筋混凝土箱涵构造；滨町金座街综合管廊，设于人行道下，为电缆沟，只收容缆线类；东京后火车站至昭和街的综合管廊也设于人行道下，净宽约 3.3 米，高约 2.1 米，收容电力、电信、自来水及瓦斯等管线，之后，共同沟的建设停滞了相当一段时间。

1955 年，汽车交通快速发展，日本积极新辟道路，埋设各类管线。为避免经常挖掘道路影响交通，于 1959 年再度于东京都淀桥旧净水厂及新宿西口设置共同沟。1962 年政府宣布禁止挖掘道路，并于 1963 年 4 月颁布《关于建设共同沟的特别措施法》（以下简称《特别措施法》），从法律层面规定了日本相关部门需在交通量大及未来可能拥堵的主要干道地下建设"共同沟"。《特别措施法》颁布之后，首先在尼崎地区建设综合管廊 889 米，并于全国各大都市拟定五年期的综合管廊连续建设计划。

1993～1997 年，是日本综合管廊的建设高峰期。至 1997 年，日本已建设完成干线管廊 446 公里，其中比较著名的有东京银座、青山、麻布、幕张副都心、横滨 M21、多摩新市镇（设置垃圾输送管）等地下综合管廊。其他各大城市，如大阪、京都、各古屋、冈山市、爱知县等均大量投入综合管廊建设。至 2001 年，日本全国已兴建超过 600 公里的综合管廊，在亚洲地区名列第一。

迄今为止，日本是世界上综合管廊建设速度最快、规划最完整、法规最完善、技术最先进的国家（图 2-3-7～图 2-3-9）。

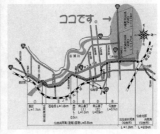

图 2-3-7　东京、名古屋、仙台综合管廊系统布置

图 2-3-8　日本管廊施工场景

（4）其他

其他如瑞典、挪威、瑞士、波兰、匈牙利等许多国家都建设有城市地下管线综合管廊项目，并都相应制定了规划或计划。

图 2-3-9　日本管廊内部实景

2.3.2　国内综合管廊建设情况

我国的综合管廊始建于 1958 年。受经济条件的限制，从 1958 年至 20 世纪末，国内大陆地区建成的综合管廊总长不到 23 公里。其中，建成最早的是北京天安门广场综合管廊（1958 年，1076 米），规模最大的是上海浦东新区张杨路综合管廊（1994 年，11.125公里）。进入 21 世纪后，综合管廊的建设开始加速，一二线城市相继开工建设综合管廊。2015 年前后，在国家政策推动和城市管理升级的双重驱动下，我国进入综合管廊建设的迅猛发展期，其建设成绩令世界瞩目。根据住建部统计数据，截至 2016 年 12 月 20 日，全国 147 个城市、28 个县已累计开工建设城市地下综合管廊 2005 公里。下文将从目前国内已建成并投入运营的综合管廊中，挑选一些比较具有代表性的或地方特色的项目，做简要介绍。

（1）北京市中关村西区市政管线综合管廊

管廊建成于 2004 年 1 月，廊内敷设给水、中水、电力、电信、热力、天然气、冷冻水等管线，工程总投资 3.2 亿元（图 2-3-10）。

图 2-3-10　北京市中关村西区市政管线综合管廊

（2）北京市昌平区未来科技城鲁瞳西路综合管廊

管廊建成于 2012 年 12 月，全长 3.9 公里，断面尺寸 13.35 米×2.9 米，平均埋深 10米。廊内分为热力舱、水和电信舱、电力一舱、电力二舱共 4 个舱室，各舱净宽 2～4.8米，敷设有给水、再生水、热力、电力、电信管线，并预留直饮水、热水、压力污水管线位置。工程造价 2 亿元/公里，第一年运行维护费用约 400 万元（图 2-3-11）。

图 2-3-11　北京市昌平区未来科技城鲁疃西路综合管廊

（3）上海市浦东新区张杨路综合管廊

管廊建成于 1994 年底，由 1 条干线、2 条支线组成，总长 11.13 公里，其中支线管廊内敷设给水、电力、信息、煤气管线（图 2-3-12）。

图 2-3-12　上海市浦东新区张杨路综合管廊

（4）上海市嘉定区安亭新镇综合管廊

管廊建成于 2001 年 12 月，全长 6.5 公里，廊内敷设给水排水、消防、电力（35 千伏）、通信、电视广播管线（图 2-3-13）。

图 2-3-13　上海市嘉定区安亭新镇综合管廊

（5）上海市松江大学城综合管廊

管廊建成于 2003 年 10 月，长度 323 米，廊内敷设输水、配水、电力、通信、有线电视、燃气管线，工程总投资 1500 万元。

（6）上海市世博园区综合管廊

管廊建成于2010年4月，全长6.4公里，单舱标准断面尺寸3.3米×3.8米、双舱标准断面尺寸6米×3.5米，廊内敷设给水、电力（10千伏、110千伏）、通信管线，具体容量详见表2-3-1。

上海市世博园区综合管廊管线规划容量　　　　　　　　表 2-3-1

路名	自来水	电力	通信
西环路	DN300	10千伏（21孔）	24孔
北环路	DN300	10千伏（21孔）	24孔
南环路	DN300～DN700	10千伏（21孔）110千伏（3回）	24孔
沂林路	DN300	10千伏（21孔）	24孔

在管廊土建工程施工中，北环路、南环路、沂林路主要采用明挖现浇法，西环路标准断面则采用预制拼装施工法，特殊节点部位仍采用钢筋混凝土现浇施工方法。管廊附属设施配备有监控系统、消防系统、安防系统、给水排水系统、通风系统、电气系统。工程总投资17亿元（图2-3-14）。

图 2-3-14　上海市世博园区综合管廊

（7）广州市大学城小谷围岛中环路综合管廊

管廊建成于2004年8月，为干线型管廊，全长10公里，标准断面尺寸7.0米×2.8米，平均埋深1.5米。管廊分为三舱，廊内敷设给水、电力、电信、有线电视、供冷管线。管廊附属设施配备有空分中心、检测控制系统、供配电系统、通风照明系统、消防报警系统。工程总投资4.2亿元（图2-3-15）。

图 2-3-15　广州市大学城小谷围岛中环路综合管廊

（8）深圳市大梅沙至盐田坳综合管廊

管廊建成于2006年7月，全长2.666公里，为拱形断面，宽2.4米，高2.85米。廊内敷设污水、给水、电力、通信、燃气、消防管线。工程总投资 7000 万元。

（9）苏州市独墅湖月亮湾综合管廊

管廊建成于 2011 年 11 月，呈"T"字形布置，全长 920 米，标准断面尺寸 3.4 米×3.0 米，廊内敷设给水、电力（高压 2 回）、通信、集中供冷管线，管廊附属设施配备有信息检测与监控系统、动力和照明控制系统、通风控制系统、排水控制系统、消防控制系统、安防控制系统等。

（10）昆明市彩云路综合管廊

管廊建成于 2005 年，为干线型管廊，全长 22.4 公里，标准断面尺寸 4.0 米×3.4 米，廊内敷设给水、电力、电信、移动、联通、网通、铁通、有线电视管线。目前昆明市已建成并投入运行的综合管廊总里程达 49.4 公里。

（11）沈阳浑南新城综合管廊

2011 年，沈阳市在浑南新城开始建设地下综合管廊工程，全长 22.3 公里。其中，干线型综合管廊长约 11.6 公里，单舱矩形结构，标准断面尺寸 2.6 米×2.4 米，主要收纳电力（220 千伏、66 千伏、10 千伏）、通信、广播电视缆线。一期工程于 2012 年竣工。目前，管廊已将电力、通信等管线入廊，并为其他管线做好预留。管廊运行情况良好，已逐渐体现出经济效益和环境效益（图 2-3-16）。

图 2-3-16　沈阳浑南新城综合管廊

（12）珠海横琴综合管廊

珠海市横琴新区综合管廊是目前国内规模最大、一次性投资最高、建设里程最长、覆盖面积最广、体系最完善的综合管廊。横琴综合管廊覆盖全岛"三片、十区"，综合管廊总长 33.4 公里，电力管廊长度 10 公里，总投资约 22 亿元人民币。综合管廊分为一舱式、两舱式和三舱式 3 种，其中一舱式综合管廊 7.6 公里，两舱式综合管廊 19.2 公里，三舱式综合管廊 6.6 公里；电力管廊均为一舱式，共 10 公里。全岛综合管廊平面线形布置成"日"字形，并分别于环岛北路、中心北路、中心南路设置控制中心各 1 座。

横琴综合管廊设置有远程监控、智能监测（温控及有害气体监测）、自动排水、智能通风、消防等智能化管理设施，确保管廊内安全运行，是国内智能化控制水平相对较高的管廊。同时，管廊内收纳电力、通信、给水、中水、供冷、垃圾真空管等 6 种管线，是目前国内集中市政管线专业最广的综合管廊系统（图 2-3-17、图 2-3-18）。

（13）台湾综合管廊

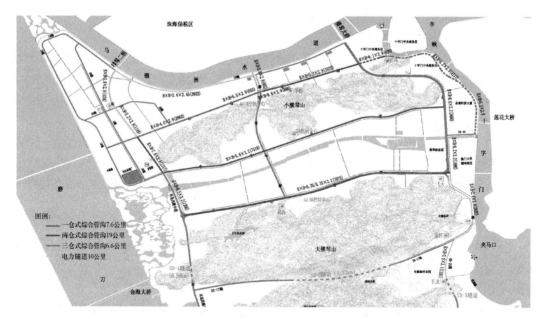

图 2-3-17 珠海横琴综合管廊（系统平面图）

图 2-3-18 珠海横琴综合管廊

台湾是我国最早开始大规模建设综合管廊的地区。据不完全统计，台湾地区自 20 世纪 80 年代末着手研究综合建设方案至今，已建成综合管廊干线约 100 公里，支线约 60 公里，缆线约 80 公里，总里程超过 240 公里。其中，台北市已投入运营的综合管廊长度为 74 公里。此外，尚有 66 公里干线管廊、265 公里支线及缆线管廊仍在规划设计中，与此同时，台湾地区先后制定了地方性的《共同管道法》、《共同管道法施行细则》、《共同管道建设及管理经费分摊办法》等多个法规及条例，推动综合管廊的建设。

2.4 智慧管廊概述

2.4.1 智慧管廊发展历程

综合管廊的发展，可划分为图纸时代—数字时代—智能时代—智慧时代四个时期。与之相对应的，综合管廊的管控水平也可分为 1.0～4.0 四个阶段。

（1）图纸时代——1.0 监控缺失

在最初的图纸时代，管廊信息多以图纸卡片等纸质文件记录，监控缺失。

（2）数字时代——2.0 基础监控

进入数字时代后，管廊信息开始数字化，廊内也配备环境与设备监控系统、视频安防监控系统、通信系统、火灾报警等基础监控设施。但管廊的运维管理仍以人工巡检为主，事故反应与处理较慢，管廊运行安全危险度及运维成本均较高，管控水平整体较低，仅实现了最为基础的监控。

（3）智能时代——3.0智能监控

随着时代的进步与发展，"基础监控"逐渐难以满足管廊管控的需求。除基础监控外，增加对廊体构筑物及廊内管线的监测，采用巡检机器人、AR眼镜、智能移动端设备等智能装备辅助人工巡检，并搭建综合监控运维管理系统平台，实现全覆盖的实时监控、应急事件的快速响应处理，以及一体化分析决策与综合管控，使管廊运行安全得到较高的保障，而人工运维成本也得到有效的控制。

（4）智慧时代——4.0智慧管控

随着技术及装备水平的不断提升，管廊运维进一步引入更多智能装备，结合大数据、云计算、人工智能等技术，实现智能巡检、数据分析、危机处理、预前控制，实现防患于未然。

2.4.2 智慧管廊建设需求

（1）建设背景

2015年前后，在国内大规模兴建城市地下综合管廊的浪潮中，科学、合理地开展综合管廊的规划、设计、建设的理念已逐渐形成，国家层面的政策、法规、管理办法不断出台与完善，相关技术及装备也在随之不断发展，综合管廊投运前端的市场一片欣欣向荣的景象。与之相较，综合管廊的运维状况却不容乐观。人工投入大、过程数据缺失、数据不统一、信息孤岛、智能化水平低下等问题突出，导致运营成本居高不下、安全缺少保障、事故发生概率增加。而参与管廊规划、设计、施工、系统集成、设备制造、运营的各方，由于对其他环节的了解或技术能力不足，相互之间也未能建立贯穿全过程的深度交流与沟通，导致管廊建成后其功能可能无法完全满足运维管理的需求，想要改造升级却发现缺乏预留条件而无法实施，部分监控系统沦为鸡肋。

与此同时，国家正在积极地大力推进智慧城市的建设，以及机器人产业、高端装备制造产业的发展，并提出了智慧管廊的建设需求。智慧管廊的建设可为城市"生命线"的安全提供更为全面的保障，满足综合管廊管理升级的要求，为综合管廊的运营节能增效，并为智慧城市的建设提供必要的数据支撑。国内外部分高水平企业也已开始尝试将GIS技术、BIM技术、管廊及管线的在线监控及部分智慧化运营、具有部分智能功能的机械化设备等智慧元素应用于综合管廊建设的各个阶段。

（2）服务对象及需求

智慧管廊的主要服务对象是管廊运营公司、入廊管线单位、政府主管部门以及相关职能部门四大类。

1）管廊运营公司

作为综合管廊的日常维护管理方，管廊运营公司需要智慧管廊满足日常运行监控及运维管理需求，提供应急响应及联动功能，并按照运营管理标准作业流程开展各项事务。

2）入廊管线单位

作为综合管廊的服务对象，入廊管线单位需要智慧管廊为其提供管线及人员入廊的管理支持，辅以入廊管线的统计分析功能。同时，智慧管廊还能够通过入廊管线的监控系统监控管线的运行状态，事故或紧急情况发生时，智慧管廊能够及时、快速地向管线单位通报现场状况及进展。

3）政府主管部门

对于政府部门，需要智慧管廊为行政管理提供实时、准确的决策依据，也为智慧城市的系统化管理提供数据支撑。

4）相关职能部门

对于与综合管廊有关的相关职能部门，需要智慧管廊实现与关联业务的数据对接，并在突发事件发生时进行信息推送与应急响应，并为相关规定、标准的制定与发布提供所需的技术支持。

2.4.3 智慧管廊建设理念

安全稳定、维护便捷、技术先进、经济实用、预留扩展是一套合格的智慧管廊系统所应具备的主要特征。因此，智慧管廊建设应遵循"超时代理念、超维度管控、超想象便捷、超稳定运营"的宗旨，以未来智慧城市发展为目标，实现一体化的分析决策和综合管控，保障运营维护的"安全、经济、便捷、高效"；打造"管理可视化、维检自动化、应急智能化、数据标准化、分析全局化、管控精准化"的综合管廊；构建涵盖建设—运维—培训—服务的完善标准体系，为智慧城市建设和发展奠定坚实的基础。

2.4.4 智慧管廊建设方案

科学的智慧管廊建设，是一个自上而下的系统性工程，而并非简单的系统集成和新技术装备应用。完整的建设方案应包含顶层设计规划、项目建设方案、标准体系等。

（1）顶层设计规划

主要内容包括规划重点与策略，规划原则，系统设计方案，监控中心、展示区设计方案，保障措施，投资估算等。

（2）项目建设方案

主要内容包括建设原则、建设思路，重点、难点分析，分项建设方案，保障措施，投资估算等。其中，分项建设方案所指的项包括（但不仅限于）智慧管廊系统、监控中心、展示厅、参观段等。而综合管廊系统的建设方案一般按照物联网层、数据层、平台层、应用层等系统层级逐级展开。

（3）标准体系

主要由建设标准、运维标准、培训标准、服务标准等组成。其中，建设标准包括工程设计标准、工程施工标准、工程采购标准、工程管理标准等；运维标准包括组织架构与管理体系、日常管理流程、设备设施维修作业标准、应急管理措施等；培训标准针对初级操作人员、中级操作人员、高级管理人员等不同人群编制；服务标准则包括缺陷责任服务、技术支持服务、修改升级服务等标准。

2.4.5 智慧管廊建设与智慧城市及相关部门对接要求

智慧管廊在与智慧城市及相关部门的对接中，应能实现管廊运行关键数据的无损传导，以及重要信息的自动上报。

（1）关键数据

包括综合管廊的环境与设备监控系统、安防系统、火灾自动报警系统、消防系统等影响管廊运行安全的数据，以便与城管、公安、消防、救灾、应急等相关部门进行联动。

（2）重要信息

包括综合管廊的地理信息、入廊专业管线信息、有偿收费与运营成本信息等，以便智慧城市运营管理系统对城市基础设施运营情况、区域经济社会发展情况，以及相关政策影响，进行大数据分析，实现城市管理的优化与升级。

3 智慧管廊全生命周期 BIM 应用指南

3.1 规划阶段

综合管廊工程建设长度长、服务范围广，沿线涉及道路、现状地下管线、河道、地下建（构）筑物以及轨道交通等诸多类型工程，受现状环境影响大。管廊工程规划工作中还需综合考虑城市空间布局、土地使用、开发建设以及综合管廊配套附属设施配置等问题，规划影响因素多，规划工作难度大。

为解决管廊工程规划综合信息处理量大，与其他工程之间的空间关系协调复杂的问题，在管廊工程规划工作中引入三维 GIS、BIM 等技术手段，将规划因素与实际空间位置结合，提供多维度的信息采集与分析处理办法，建立三维可视化的工程环境，从而更好地完成管廊工程的规划工作。

3.1.1 规划环境模型创建

在规划工作开始之前，需要全面搜集工程周边已有的或规划建造的建（构）筑物信息、经济与人口等指标数据。通过无人机倾斜摄影、点云扫描生成地面现状环境与建（构）筑物的三维数字模型，获取最新的现状资料。利用三维 GIS 平台集成现状地下管网、地形地质、交通路网、经济人口等数据资料，并添加信息的空间属性，与地理信息建立有机联系，有效地组织和管理规划数据。快速建立地下管网、地质资料等三维工程模型，并整合地面现状实景模型、规划建（构）筑物 BIM 模型，建立可视化、结构化、协同性强的三维规划工作环境（图 3-1-1）。

图 3-1-1 基于三维 GIS 的规划环境模型

3.1.2 规划可行性分析

3.1.2.1 工程适宜性分析

利用 GIS 可以快速、精确地对图形数据及其属性数据进行综合分析、计算与处理。在管廊工程规划设计的前期工作中，通过三维 GIS 平台利用规划范围内空间数据和模型对拟规划区域地块进行用地类型分析、河流及道路走向分析、流域分析、地形分析等，以作为综合管廊拟规划用地适宜性评价及后期方案构思的参考依据。

基于三维 GIS 平台对前期建设用地适宜性评价进行空间表达，可包括自然环境与建设基础：空间布局、土地使用、开发建设等，地形地貌、水系、盐碱化等；土地开发潜力，城镇吸引力、市政设施、污染源等。有利于对建设用地适宜性进行直观判断，合理分析管廊建设可行性，准确规划管廊建设的年份、位置、长度等。

此外，利用三维环境模型与 BIM 模型，有利于辅助推敲规划设计方案与周边环境之间的通视关系、景观布局、光线遮挡等，对管廊工程的建设适宜性开展全面而综合的评价。

3.1.2.2 规划目标和规模分析

利用 GIS 缓冲区分析等方法综合分析现有市政管线、道路交通及地下设施等建设需求，划定管廊适宜建设的区域；完成综合管廊总体布局方案，确定管廊的路径走向、内部容纳的管线和断面形式；对综合管廊试点城市近期实施的项目，提出规划建设控制要求，形成该区域地下综合管廊需求模型（图 3-1-2）。

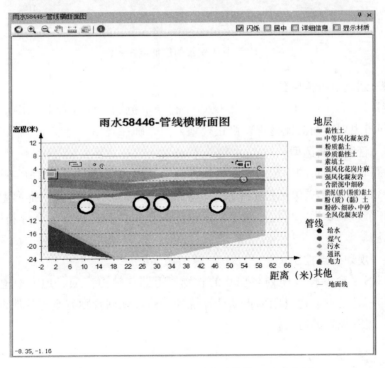

图 3-1-2　规划范围内现状市政管线、地质分析

3.1.3 规划空间分析

基于 BIM 模型和 GIS 分析，进行管廊多规划方案的比选，使管廊的选址定线、断面选型、重要节点控制等设计更科学合理。

3.1.3.1 选址定线

根据规划的目标及规划的原则，利用 GIS 空间分析技术，基于地形地貌等工程适宜性分析、人口密度、交通、市政设施分析和城市用地及规划编制许可分析结果，通过不同数据的叠加运算、统计和计算最适宜建设综合管廊的区域，进行管廊智能选址定线（图3-1-3）。

图 3-1-3　基于实景的选址定线工作

3.1.3.2 划定三维控制线

在三维 GIS 平台下，划定管廊三维规划控制要求范围，建立控制范围空间模型，并通过控制空间与规划空间对比检查，修正规划方案，确保规划满足三维控制范围要求。

3.1.3.3 管廊断面选型

管廊断面和空间排布的确定与入廊管线种类及规模、建设方式、预留空间等因素密切相关。利用 BIM 技术建立包括地形地貌、入廊管线、设备等在内的三维模型，直观反映管廊断面的各个影响要素，可提高管廊断面设计的科学性和合理性，充分利用地下空间，降低工程投资。

3.1.3.4 规划节点控制

在三维 GIS 平台上整合规划与现状的管廊、道路、轨道交通、地下通道、人防工程及其他设施的信息模型，通过距离自动计算统计，检查规划管廊方案与其他设施之间的间距控制要求，提升规划的可行性。

3.2　设计阶段

地下管廊作为一项重要的市政公用设施，各种城市工程管线均可以敷设在管廊内，且通过一定的安全保护措施即可确保这些工程管线在管廊内安全运行，能够有效减少城市道路给水、交通拥堵以及管线破裂等一系列的问题。管廊项目有着工程量大、工法多样、施工覆盖范围广、施工时间较长、作业面广、专业分工细等诸多特点。现有的设计方法主要用于表达管廊横断面布置与线位走向，很难精确完整地表达设计方案。离散的设计工作方法也难以达到专业间的高效配合。

　　BIM 技术在管廊设计阶段的应用，改善了现有的设计和分析手段。构建协同工作环境，搭建管廊全专业的工程数字模型，再通过必要的分析应用，极大提高了管廊设计方案的表达性和可实施性。且管廊 BIM 设计成果可向施工与运维阶段传递，有利于提升现场施工作业的精细化水平，为管廊智慧运维管理提供底层图像和数据基础。

3.2.1　可行性研究阶段

3.2.1.1　现状场地分析（倾斜实景建模或 GIS 三维信息地质系统）

（1）应用介绍

　　管廊为带状工程，建设范围广，受城市地形、用地、现状构筑物等影响较多，需进行详细的场地分析。现有的场地分析方法多为设计人员现场查看、拍照与卫星图查看，角度受限、信息落后且现状信息整合困难，无法直接为设计提供直观的工程环境。

　　在场地分析工作中通过无人机进行倾斜摄影，再通过专业软件，借助倾斜影像批量提取及纹理贴图的方式，能够有效地生成项目周边现状环境的三维实景模型，如图 3-2-1 所示。在实景模型中可进行包括高度、长度、面积、角度、坡度等属性的量测，在现状场地实景模型的基础上进行管廊定线，选定最合适的施工方案，降低建设成本。

图 3-2-1　三维实景模型

（2）应用目的

　　提升现状资料的准确性。倾斜摄影测量技术以大范围、高精度、高清晰的方式全面感知复杂场景，依托高效的数据采集设备及专业的数据处理流程生成的数据成果直观地反映地物的外观、位置、高度等属性，为真实效果和测绘级精度提供保证。

　　提升设计施工方案的可行性。依据现状场地的实景模型，可直观分析管廊附属构筑物如通风口、人员出入口、逃生口、吊装口等设置位置是否合理。还可在此基础上进行施工组织设计方案模拟、施工场地围挡布置分析等。

（3）数据准备

1）管廊规划线位数据：为倾斜摄影设备规划路径的主要依据。

2）项目设计所采用的坐标系与对应的基准点：保证现状场地实景模型与新建管廊 BIM 模型、GIS 平台准确结合。

（4）应用流程

1）前期资料收集：收集管廊规划线位数据、工程选用的坐标系与对应的基准点。

2）实景建模配套软件选用：选用主流实景建模软件 ContextCapture。再根据项目范围和精度要求，选择合适的影像采集设备，快速创建细节丰富的三维实景模型。

3）实景建模配套硬件选用：包括飞行器、挂载云台和倾斜摄影相机三部分硬件。飞行器平台通常采用多旋翼无人机、固定翼无人机与垂直起降无人机。倾斜摄影相机是倾斜摄影的关键硬件，目前主流的为五镜头倾斜摄影相机，也有部分两镜头的倾斜摄影相机及少量三镜头、四镜头产品。五镜头相机工作稳定，采集质量高，集成度高但价格高昂；两镜头价格稍便宜，但采集不稳定。挂载云台是飞行器平台和倾斜摄影相机之间的连接组件。

4）现状场地实景模型创建：传统的无人机倾斜影像进行三维实景建模流程如图 3-2-2 所示。实景模型创建的关键问题是如何使用倾斜摄影相机且自动采集数据。应保证航向重叠和旁向重叠至少在 80％以上，即相邻照片的重叠度要在 80％以上。管廊项目通常为线性工程，长度较长，在这种情况下，应分区处理，各分区之间的重叠度和像控点的布设要控制好。每个分区边缘均布设像控点加以控制，相邻分区要有重叠，但重叠不宜过大，最关键是像控点需重叠。

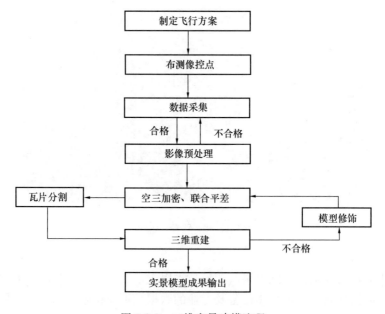

图 3-2-2　三维实景建模流程

（5）交付成果

1）管廊现状场地实景模型。

2) 部分节点高清晰图像文件。

3) 基于实景模型进行的测量成果。

3.2.1.2　方案比选

（1）应用介绍

管廊选线原则为沿道路中心线平行方向敷设，入廊管线视现状及规划管线而定。管廊曲线半径应满足收纳管线的转弯半径需求。敷设原则优先考虑道路边侧的人行道和中央绿化带下，以便于附属设施的设置安装。通过 BIM 软件对管廊结构创建可视化方案设计模型，针对管廊建设与周边环境结合情况、舱室分布及断面形式是否合理等方案因素进行直观讨论，助力方案决策。

（2）应用目的

方案设计比选的主要目的在于利用 BIM 的数字化、可视化等特点对管廊建设方案进行直观展示与比选，如图 3-2-3 所示，达成以下目的：

图 3-2-3　管廊建设方案进行直观展示与比选

1) 利用相关软件创建方案设计模型，依托可视化效果分析管廊吊装口、通风口等附属设施的埋设位置与现状道路（周边建筑）及地下空间构筑物的碰撞情况（安全距离）是否合理。

2) 使用相关设计软件针对现状地质资料创建地质模型，通过数据分析选择合理的施工工艺及支护方式。

3) 针对所建参数化方案模型进行数据分析，对管廊转弯半径、廊内管线碰撞情况、主体结构与相关地下构筑物位置关系、紧急出入口位置设置等方案细节进行直观论述，实现优化设计。

（3）数据准备

1) 地下管线物探资料。

2) 勘察地质资料。

3) 地形图或实景模型。

4) 图纸、环境指标、技术指标等设计方案资料。

（4）应用流程

1）收集数据，并确保数据的准确性。

2）建立建筑信息模型，模型应包含方案的完整设计信息。采用二维设计图建模的，模型应当和可研阶段设计图纸一致。

3）通过所建方案模型，针对不同项目具体情况，论述不同方案建设的可行性，通过技术研究及可视化对比，选择可行性、功能性、协调性最优的设计方案。

4）形成最终设计方案模型。

（5）交付成果

1）方案比选报告。报告应阐述各方案的优缺点，为建设方决策提供依据。

2）设计方案模型。设计方案模型应满足可行性研究设计阶段要求。

3.2.1.3　管线搬迁与交通疏解模拟

（1）应用介绍

管廊建设原则上优先考虑在道路红线外侧绿化带及人行道下方进行，当现状及规划管线数量过多，入廊需求较复杂，管廊舱室增多，断面过宽或现状城市道路等级较低，红线内非机动车道及人行道不能满足管廊建设条件，需占用机动车道建设管廊时，需对现状道路进行交通疏解及管线改迁。

通过 BIM 设计软件，针对现状的道路及管线物探数据等条件进行自动建模，根据相关阶段设计图纸，创建道路及管线设计模型，辅助相关模拟分析软件，在可视化条件下对设计模型进行模拟分析，为方案提供可靠依据。

（2）应用目的

设计模拟的主要目的在于利用 BIM 的可视化特点对前期工程方案进行直观展示与比选，达成以下目的：

1）通过专业软件创建设计方案模型，分析主体结构围挡及周边建筑物对交通车辆通行造成影响的大小。

2）利用行车模拟及人流仿真模拟验证设计方案的交通安全可行性，如图 3-2-4 所示。

交通疏解前　　　　　　　　　　　　　　　　交通疏解后

图 3-2-4　交通疏解方案展示

3）通过对现状管线进行可视化快速建模，直观确定哪些管线需要被改迁，改迁效果如图 3-2-5 所示。

4）直观比较迁改后管线与现状管线、拟建管廊和现状建筑在空间上的关系，是否满

管线改迁前　　　　　　　　　　　　　　　　管线改迁后

图 3-2-5　管线改迁方案展示

足入廊要求。

5）直观确定迁改后管线附属构筑物空间是否满足，以及改迁后管线综合节点碰撞情况，实现优化设计。

（3）数据准备

1）现状道路带状地形图。

2）交通疏解相关设计图纸。

3）地下管线物探数据。

4）管线改迁相关设计图纸。

（4）应用流程

1）前期资料收集。收集道路带状地形图、管线物探数据以及道路、管线专业相关设计图纸。

2）配套软件解决方案选择。见表 3-2-1。

配套软件解决方案列表 表 3-2-1

软件名称	软件功能说明
μ Microstation	Bentley 核心建模软件平台，模型整合，输出图纸与可视化文件
OpenRoads Designer	道路和管廊设计软件，提供完整且详细的设计功能，高效优质完成设计任务
OpenRoads ConceptStation	创建概念公路和桥梁设计，在项目规划阶段进行有效评估，识别高风险，降低项目成本

软件名称	软件功能说明
PTV Vissim	从宏观交通需求到微观行车行为，多层次仿真模拟，可评估立体交通、换乘及平交口方案
ContextCapture	读取倾斜摄影成果，集成地理信息数据，生产高精度三维实景模型

3）交通疏解。利用无人机倾斜摄影进行数据采集，将采集数据利用 C.C 软件创建实景模型；使用 ORC 创建方案设计模型，并使用 MS 创建标识牌、围挡等附属构造物；将方案设计模型导入 Vissim 软件进行行车、行人模拟；将方案模型与实景模型进行整合，输出最终模型。

4）管线改迁。将物探数据导入 SUE 设计软件生成现状井管模型；利用 SUE 创建管线方案设计模型；利用 ORD 对管线模型进行碰撞检查验算，并生成碰撞报告。

5）优化设计。利用交通疏解及管线改迁模拟成果对方案设计成果进行合理性校对，并反馈校对意见。

6）成果输出。将最终成果进行整理，并根据相关标准进行分类归档、保存。

（5）交付成果

1）交通疏解方案设计模型。

2）模拟仿真数据文件。

3）管线方案设计模型。

4）管线改迁碰撞检查报告。

3.2.2 初步设计阶段

3.2.2.1 管线入廊方案设计与模拟

（1）应用介绍

利用 BIM 软件进行管线入廊方案设计与模拟，在设计初期，依托直观、立体、清晰的设计方案展示，分析论证雨污水管重力管道、燃气管道等管线入廊的可靠性，分析廊内设置形式、设计和验收标准、防灾安全措施以及运行维护方法等问题，使各项冲突在施工前得到解决，保证管线入廊方案的可实施性和经济性。

（2）应用目的

管线入廊方案设计与模拟的主要目的是利用 BIM 技术对管线入廊方案进行可行性模拟，合理规划空间位置与安装顺序，最终优化设计方案，保证施工可行性，并且为后续施工阶段提供可视化交底的成果。

（3）数据准备

1）可行性研究阶段的管廊 BIM 模型和图纸。

2）管线入廊方案文件。

3）管道安装的技术性文件。

（4）应用流程

1）收集可行性研究阶段各专业 BIM 模型和图纸，并检查其准确性。

2）设定管道排布原则，利用 BIM 软件对计划入廊的专业管道进行排布，并模拟安装顺序。

3）设计单位明确最优方案后，制作管线入廊方案报告以及管道排布安装过程视频，提交建设单位确认。并根据意见进行修改，直至满足要求。

4）针对最终确定的方案对模型和成果进行检查，为后续深化设计和施工交底提供依据。

（5）交付成果

1）管线入廊方案报告。报告应说明入廊各专业管线数量、大小、安装顺序以及相互之间影响等信息，并应阐述选用此种方案的优缺点，以供建设方评估。

2）管道排布安装视频。视频应包含施工过程中管道安装顺序、相互影响关系和施工资源措施等施工信息。

3）各专业 BIM 模型。模型深度应满足初步设计阶段要求。

3.2.2.2 管线综合

（1）应用介绍

在传统设计中，由于管廊空间有限，入廊管线种类繁多，所涉及的不同专业的设计人员较多，不同专业又是独立进行设计，图纸之间协调性或关联性较差，缺乏直观、实时协同的工作平台，导致不同专业管线之间碰撞以及预留安装、检修空间不足的情况，主要体现在管廊复杂交叉节点、管线出入口等处。通过 BIM 技术，在三维的协同工作平台下进行管线综合，协调各专业管线布置，分析检查和优化设计方案，如图 3-2-6 所示，避免设计错误传递到施工阶段。

图 3-2-6 管线综合与分析检查

（2）应用目的

利用 BIM 技术，搭建各专业的 BIM 模型后进行模型整合，设计师能够在虚拟的三维环境下方便地发现并统计设计中的冲突问题，提前发现管线之间以及管线与设备、管线与结构等专业之间的冲突，还可以对施工安装、运维检修、使用便利等空间影响因素进行判断，同时可以直观地分析并加以调整排除，从而大大提高管线综合的设计能力和工作效率，降低将来由于施工协调造成的成本增长和工期延误。

（3）数据准备

1）各专业设计图纸、技术文件等资料。

2）各专业设计 BIM 模型。

（4）应用流程

1）收集数据，并确保模型数据的准确性。

2）整合给水排水、电气、水工结构、通风和岩土等专业模型，形成完整的管廊模型。

3）确定冲突检测及管线综合的基本原则，使用 BIM 软件检查发现模型中的冲突和碰撞，编写冲突检测及管线综合优化报告，提供给各参与方进行协调修改。

4）逐一调整各专业模型，解决各专业间的碰撞冲突问题。

（5）交付成果

1）调整后的各专业模型。按模型深度和构件要求，调整施工图设计阶段的各专业模型内容及其基本信息要求。

2）优化报告。报告中应详细记录调整前各专业模型之间的冲突和碰撞，记录冲突检测及管线综合的基本原则，并提供冲突和碰撞的解决方案，对空间冲突、管线综合优化前后进行对比说明。

3.2.2.3　通风模拟

（1）应用介绍

鉴于管廊项目内部空间高度紧凑，空间狭小且呈线性分布，长度较长，利用自然通风进行内部空气更新效果较差，且涉及检修维护人员定期性巡检，因此常需采用主动通风进行廊内空气调节。在 BIM 模型的基础上利用分析软件对通风过程进行动态模拟，设置合理的风机位置和型号。

（2）应用目的

通过通风环境模拟分析，构建合理的管廊通风系统。选用符合实际的管廊通风方式和管廊通风网络，向管廊中人员活动集中点提供足量的新鲜空气，提供适宜的温度、湿度，保持良好的空气条件，满足劳动环境要求。进行灾害条件下通风情况的分析和模拟，合理布置主动通风设备，保证及时而有效地控制风向及风量，保障作业人员生命安全。

（3）数据准备

1）初步设计阶段管廊 BIM 模型。

2）拟选用的主动通风设备性能参数及运行工况。

3）设计图纸、技术文档等资料。

（4）应用流程

1）搜集整理各专业管廊 BIM 模型。

2）选取 CFD 软件，软件要求可兼容 BIM 模型或转换后的 BIM 模型格式。

3）CFD 软件读取 BIM 模型，建立管廊三维通风网络模型，对管廊的断面、风阻、通风构筑物、流体物质等参数进行赋值；然后通过 CFD 对通风网络数据进行处理、计算，得到分析云图与分析报告，如图 3-2-7 所示。

4）根据分析情况调整主动通风设备的选择和布置。

（5）交付成果

1）管廊通风模拟分析报告。

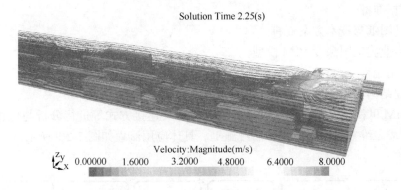

Solution Time 2.25(s)

Velocity:Magnitude(m/s)
0.00000　　1.6000　　3.2000　　4.8000　　6.4000　　8.0000

图 3-2-7　管廊内部通风模拟云图

2）调整后的管廊通风设备布置模型。

3.2.3　施工图设计阶段

3.2.3.1　节点深化与施工图出图

（1）应用介绍

深化设计与施工图出图是连接工程项目设计阶段与施工阶段至关重要的桥梁。通过对节点的 BIM 深化设计，直观展示复杂节点的空间位置关系以及异形构件的准确信息，辅助施工图出图，改善工程图纸的表现能力。提高设计交底工作的质量与效率，实现对建设项目整体效益的把控。

（2）应用目的

利用 BIM 技术参数化、可视化建模与三维协同设计的优势，进行节点深化与施工图出图，如图 3-2-8 所示。提前发现并解决潜在的错、漏、碰、缺等设计问题，确保施工图图纸表达的准确性与可靠性，避免设计错误导致的施工返工。

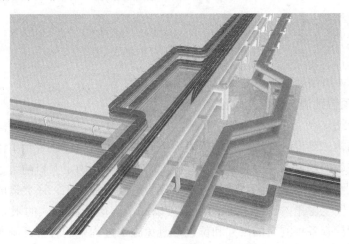

图 3-2-8　管廊节点深化设计模型

提高管廊空间利用率，在满足管廊结构安全性、管线使用和维护要求的前提下，尽可能压缩管廊空间尺度，节约工程建造成本。

（3）数据准备

1）设计图纸与技术方案资料。

2）各专业施工图深度 BIM 模型。

（4）应用流程

1）土建结构节点深化和施工图出图

利用 BIM 可视化模型对节点尺寸、节点位置及连接方式等进行分析与优化，深化调整后自动生成二维节点详图，指导后续施工。具体应用流程如图 3-2-9 所示。

图 3-2-9　基于 BIM 技术的土建结构节点深化设计流程图

2）节点管线深化和施工图出图

在土建模型的基础上，整合各专业管线模型，通过可视化检查和管线空间位置分析，优化管线排布，辅助施工图出图和设计交底工作。具体应用流程如图 3-2-10 所示。

图 3-2-10　基于 BIM 技术的管廊节点深化设计流程图

（5）交付成果

1）调整后的节点 BIM 模型。

2）分析报告。

3）基于 BIM 模型辅助表达的设计图纸。

3. 2. 3. 2　预留孔洞与检修空间检查

（1）应用介绍

管廊内部结构二维设计往往难以准确表现空间关系，容易造成管廊主体结构预留孔洞不足或位置偏差等问题，需要等到管线安装施工时才能准确确定洞口的大小和位置。采用后开洞口的方式实现管线的安装，这种方式不仅会造成工程返工，还会造成穿过洞口的钢筋被截断，产生安全隐患。BIM 技术的应用可以完全突破传统方式的限制，在施工之前就能够预先精确检查各种洞口的尺寸和位置，避免施工过程中的各种开洞所产生的安全隐患，保障施工质量。

管廊系统内管道密集，二维的设计办法很难考虑入廊管线和设备的运输、安装以及将来的维修需求。通过 BIM 模型与相关分析软件，模拟运输和安装过程，能够确保设计方案留有足够的维修和安装空间，如图 3-2-11 所示。

图 3-2-11 管线设备安装空间分析

（2）应用目的

充分应用 BIM 三维可视化技术，实现对预留孔洞位置的直观展现，也可通过可视化检查、构件碰撞检查和距离检查复核其合理性，对不合理的孔洞位置与不满足检修空间要求的部位应及时反馈修正。同时借助 BIM 的可视化特点，快速全面了解项目标准化建设的整体和细部面貌。

（3）数据准备

1）施工图设计图纸、技术资料和施工方案。

2）施工图阶段各专业 BIM 模型。

（4）应用流程

1）数据收集：收集的数据包括项目上一阶段所建 BIM、拟采用的施工工艺等资料。

2）孔洞预留检查：对土建结构与廊内管线交叉的位置进行检查，标注为做孔洞预留的位置和孔洞预留有偏差的位置，出具检查报告。

3）施工方案检查：模拟设备运输路径、施工安装顺序与作业空间，确保设计方案的可实施性，出具检查报告。

4）检修空间检查：根据检修需求，进行廊内管线检修空间检查，标注空间预留不合理的位置，出具检查报告。

5）设计方案调整：根据检查报告修改设计方案和设计模型。

（5）交付成果

1）检查分析报告。

2）修正后的施工图设计阶段 BIM 模型。

3.2.3.3　招标工程量统计

（1）应用介绍

管廊项目工程投资巨大、成本高昂，地下结构的设计施工工艺复杂，且全线管廊工程土方量的计算经验性太强，缺乏可靠性，缺项漏项常有发生，招标工程量统计工作难度巨大且烦琐，工程量统计容易失准，对投资方造成巨大压力。基于 BIM 技术的招标工程量统计，可直接统计工程量，避免重新建模环节，极大提高了工程量计算的效率，同时可有效减少传统工作模式下人为失误导致的工程量统计失准的问题。

（2）应用目的

基于精确的管廊 BIM 设计模型，创建招标算量模型，生成满足招标要求的土建、管线、机电等各专业工程量统计清单，统计结果与实体工程一致，可对管廊项目招标工程量统计提供有效补充和参考。

（3）数据准备

1）带有算量信息的管廊施工图设计 BIM 模型。

2）相关技术规范。

（4）应用流程

1）整理管廊施工图设计 BIM 模型，检查模型内容是否完善，信息是否完备。

2）根据分部分项工程量清单与计价表，调整模型的几何数据和非几何数据，生成工程量统计模型，并转换成算量软件专用格式文件，将其导入算量软件，生成算量模型。

3）利用算量模型生成满足招标要求的土建、市政管线、机电等各专业工程量统计清单，如图 3-2-12 所示。

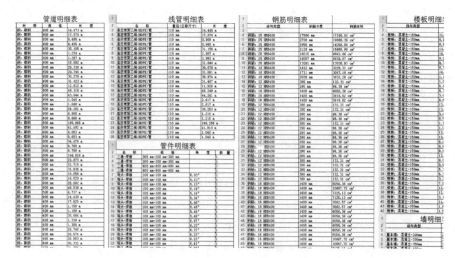

图 3-2-12 各专业工程量统计清单

（5）交付成果

交付成果为基于 BIM 模型计算得出的各专业工程招标工程量清单。

3.3 施工阶段

3.3.1 施工图 BIM 模型应用

3.3.1.1 自建模型要求及建模标准

施工单位在自行建立施工图模型时，需要做好项目建模的标准化工作，详细标准如下：

（1）确定好各个专业建模所使用的软件，确立模型成果文件间的协同规则和交付格式。

（2）根据后期所需要的 BIM 应用点，统一各专业模型的坐标点、文件架构、模型名称、构件名称、模型深度、建模规则等内容。

（3）制定模型划分原则，包括本专业的模型划分原则、按照施工区域的划分原则等。制定模型设定，如过滤器、制图标准等。

（4）建立模型参照依据、过程中模型修改及管理标准等。

（5）在管廊工程中要求建立精准的 BIM 模型，建模范围包含管廊施工工艺相关构筑物（包括开挖基槽、静压钢板桩技术）；管廊主体建筑体系，管廊主体结构的墙、梁、柱板和钢筋模型等；各个分支口构筑物钢筋模型等（图 3-3-1～图 3-3-5）。

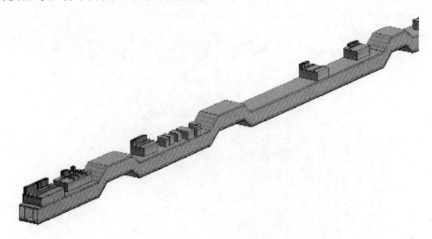

图 3-3-1　管廊整体模型

图 3-3-2　管廊模板体系

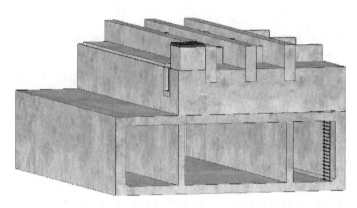

图 3-3-3　管廊分支口模型

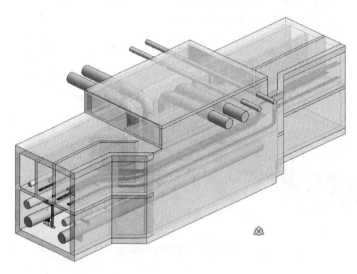

图 3-3-4　管廊机电模型

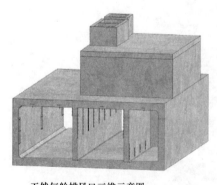

天然气舱排风口三维示意图

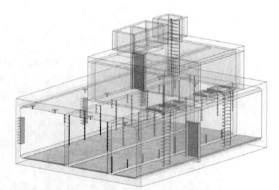

天然气舱排风口三维透视图

图 3-3-5　管廊排风口模型

3.3.1.2　用于经营算量的模型

目前大部分项目会使用广联达 GCL 图形算量软件进行工程量计算，广联达模型可通过 IFC 格式导入至 BIM 平台生成土建模型。但在使用广联达算量模型时需注意以下几点：

（1）商务建立算量模型时以工程量计量准确为主，部分标高、位置等信息不会着重关注，所以项目技术员如要使用商务模型，必须对模型的正确性进行核对。

（2）广联达 GCL 模型能保证大部分几何信息的正确，但缺乏项目其他信息。广联达 GCL 模型可用于综合协调、碰撞检测等基本应用，在深层次应用中效果较为一般，模型后期处理量较大。

（3）GCL 模型大部分能满足常规土建模型的需求，但在其他专业及管廊特殊下沉段，以及精细化建模上应用较差，需要其他模型软件辅助。

（4）在管廊工程施工中，为达到双算对比（传统的二维图纸算量与 BIM 模型算量）的要求，往往要通过 BIM 同时建立一份 BIM 明细表（图 3-3-6），BIM 所出的明细表与传统算量软件出的明细表本质的区别是 BIM 是基于三维模型，传统的算量软件大部分是基于 CAD 图纸，采用广联达算量软件与 BIM 建模结果中导出的结果进行双算对比，辅助商务管理。

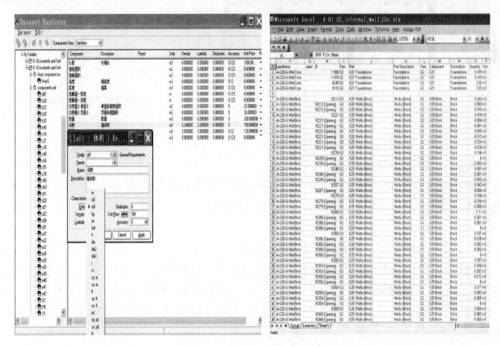

图 3-3-6　BIM 明细表

3.3.2　管廊 BIM 深化设计

深化设计是 BIM 技术最重要也是最能体现 BIM 价值的应用之一。目前大部分项目还缺乏深化设计的概念，部分大型项目虽然有深化设计，但是还无法将 BIM 直接作为深化设计的工具进行出图（图 3-3-7），往往是 CAD 图纸完成后再建立一套 BIM 模型来验证深化设计的正确性。先二维后三维的深化设计方式会造成重复工作量的增加，导致工作效率的下降，无法体现 BIM 的可视化和便捷出图的优势。

在施工阶段，使用 BIM 作为工具来组织和实施深化设计工作，并交付以深化设计模型为代表的设计成果。BIM 深化设计是用于形成和验证深化设计成果合理性的 BIM 应用，应充分考虑并满足实际施工要求。

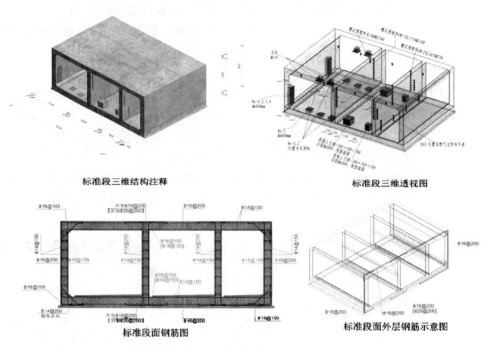

标准段三维结构注释　　　　　　　　　　标准段三维透视图

标准段面钢筋图　　　　　　　　　　　标准段面外层钢筋示意图

图 3-3-7　BIM 深化设计出图

3.3.2.1　管廊土建深化设计

管廊土建深化设计内容主要有：管廊施工缝及变形缝施工的深化设计（图 3-3-8）、管廊防水施工深化设计、管廊下沉段深化设计、管廊分支口建模深化设计、管廊预埋件及洞口留设深化设计。

3.3.2.2　入廊管线、辅助设施的深化设计

通过管廊 BIM 建模及管理软件，可实现综合管廊项目各参与方协同工作，通过应用 BIM，可在施工前期对管廊附属设施各专业的设备、管线以及入廊管线进行协同深化设计（图 3-3-9）。

入廊管线/附属设施 BIM 模型色彩规定可参见《建筑工程施工 BIM 应用指南》中色彩规定表 1-6。

3.3.3　施工组织与方案优化

施工方案辅助和工艺模拟是在方案编制阶段将 BIM 作为工具直接设计方案节点或依托 BIM 技术对施工过程中的各项工作进行复核校对。由于施工过程中，与施工有关的各项工作都是变化的、多阶段的，因此在方案编制阶段完全依靠人力协调各项工作会极其复杂、难以实现。在这一阶段采用 BIM 技术辅助是极其必要且效果良好的。这一阶段的 BIM 应用重点在于其强大的可视化能力，通过可视化向协调人员直观地表达策划的信息，协助其进行协调、决策。

3.3.3.1　施工平面布置

应用 BIM 技术协调施工平面，主要是为解决多阶段平面布置协调中依靠二维图纸堆

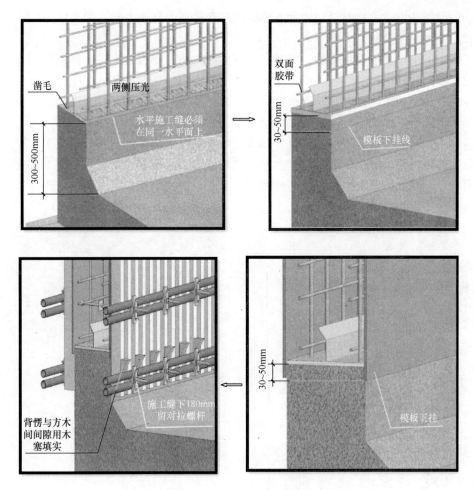

图 3-3-8 施工缝控制步骤图

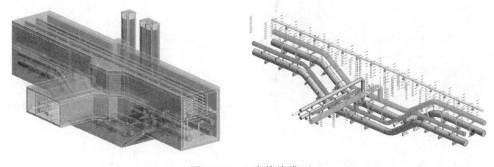

图 3-3-9 入廊管线模型

叠查看的复杂性和各阶段平面布置信息不连续的问题。BIM 作为工具可代替传统的 CAD 直接进行施工平面布置工作。针对目前各项目的应用实际,在施工平面布置 BIM 应用过程中应遵循以下的流程:

(1) 标准化族库建立

为规范模型表现形式、方便模型统一管理,平面布置模型建立前要依照企业标准、设计图纸、设备选型建立临时设施族库，族库应包含必要的可调参数。

（2）主体模型简化

平面布置重点在于展现堆场、机具、临设的布置情况，因此可对主体模型进行必要的简化处理以降低模型复杂程度。而对周围的主要建筑物、道路、环境，应以外轮廓的形式予以体现。过度的主体模型信息会造成施工平面布置模型的应用速度不流畅。

（3）平面布置模拟

通过模拟管廊的施工现场，可以合理确定施工工序，从而进行有效的施工管理，特别是当管廊项目位于市区主干路上时，由于存在场地狭小、周围建筑物多、地下市政管线复杂等问题，可视化的施工模拟显得格外重要（图 3-3-10~图 3-3-12）。

图 3-3-10　施工区场地布置

图 3-3-11　施工围挡布置

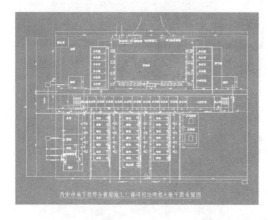

图 3-3-12　生活区场地布置

3.3.3.2　施工专项方案编制

施工专项方案编制的目的在于检查重要施工区域或部位施工方案的合理性，检查方案的不足，协助施工人员充分理解和执行方案的要求，内容包含但不限于：节点大样、内部构造、工作原理、作业工艺、施工顺序等，形式可为图片、视频文件等。专项方案编制要以具体项目为依据，切实反映项目实际情况，具体实施流程包括以下几方面：

（1）施工专项方案编制策划

在传统施工方案的基础上，具体策划依靠 BIM 技术进行方案编制的目的、成果形式等问题，策划方案脚本。

（2）BIM 施工模拟策划

根据以上施工专项方案编制策划的内容，策划应用 BIM 进行施工模拟的各项工作，包括但不限于以下几点：

① 确定模型文件的主要外观效果和视野范围。

② 依据目标成果，确定模型精度和模型中构件的拆分程度。

③ 若目标成果形式为图片形式，应确定图片数量（即工况划分细度）、展示角度、文字说明等内容。

④ 若目标成果形式为视频形式，应确定视频的场景划分、转场设计、配音设计等内容，并根据场景划分情况确定模型拆分细度。

（3）模型建立

模型建立应以"BIM 施工模拟策划"内容为依据，在满足模拟要求的前提下，尽量地轻量化，同时应结合视频中的场景划分，分别制作模型，不宜将所有工况建立在同一模型内。

（4）成果的制作、合成和后期处理

为使对施工人员交底的内容更形象直观，可采用多软件联合应用，制作过程中应注意文件交互的规范性：一方面应注意文件相对路径的固定，不可随意调整文件位置；另一方面注意文件内容变化的传递性，对于不是以附件、链接等可实时更新的方式关联的文件要注意数据的同步；最后要注意文件的效力，在没有形成最终成果前，尽量以可修改内容和链接的形式存储文件。

（5）成果发布

成果发布要根据目标用途合理选择成果格式和清晰度，尽量保证成果的通用性和流畅性，建议模拟视频输出格式为 AVI 格式，至少需达到 15 帧每秒，画面像素需达到 1620×1200 以上（图 3-3-13）。

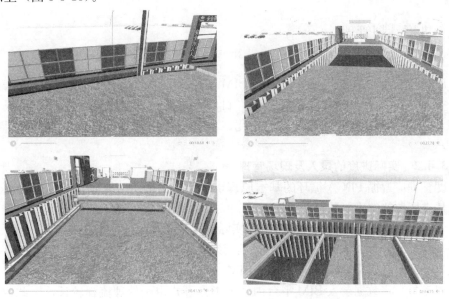

图 3-3-13　基坑支护及土方开挖施工方案模拟视频截图

3.3.3.3　技术交底应用

BIM 的技术交底应用是对前述各项 BIM 应用成果的表达和传递，目的是将前述各项成果所包含的信息准确传达给有关人员，虽然 BIM 技术的应用使得施工方案交底更为直观，但受表现形式的制约往往会造成信息传递的不足或冗余，因此应在 BIM 技术交底应用中（图 3-3-14）注意以下几点：

（1）应用 BIM 技术交底应针对交底的对象和需求开展差异化的交底，使交底内容切实反映接受交底人员所需内容，不宜同一交底针对所有人员。

（2）BIM 技术交底宜以会议方式为主，不仅要展示方案辅助和工艺模拟的成果，还宜展示模型文件，复杂施工方案还应有相应的提问环节，以保证交底信息的允分传递。

（3）受文件效力和确认方式的限制，现阶段 BIM 技术交底宜与传统方式交底结合进行，BIM 技术交底作为传统交底方式的补充和直观反映。

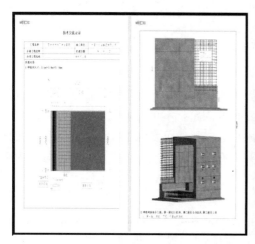 

图 3-3-14　基管廊样板间 BIM 交底

3.3.4　进度计划管理

3.3.4.1　进度挂接模型工作方式

进度挂接模型工作方式是一种利用 BIM 手段对已有进度计划进行可视化表达的工作方法，其工作发生在计划编制完成后，目的在于通过三维展现，帮助管理人员判别出二维计划中不易发现的问题，进而优化二维计划并重新挂接模型。其主要目的在于宏观展示。

3.3.4.2　实际进度的录入及现场管理

进度管理应遵循 PDCA 循环的基本原理，实际进度的录入是进度检查的重要数据基础，也是进度调整的重要数据来源（图 3-3-15），实际进度的录入应保证及时、准确、持续、有效四项基本要求，根据形式不同，实际进度录入有两种工作方式：

（1）专人统计、BIM 专员录入的方式：该方式适用于没有协同工作平台的项目，由专人负责统计现场实际进度情况并提交 BIM 专员（或进度计划专员），由 BIM 专员（或进度计划专员）将数据录入 BIM 平台内。该工作方式由于处理流程较长，因此应注意提交时限的控制，保证进度录入的及时性。

（2）由专人统计并录入的方式：该方式适用于有协同工作平台的项目，由现场责任工程师直接将实际进度录入平台，平台自动将实际进度与模型匹配，BIM 专员据此进行进度的调整。

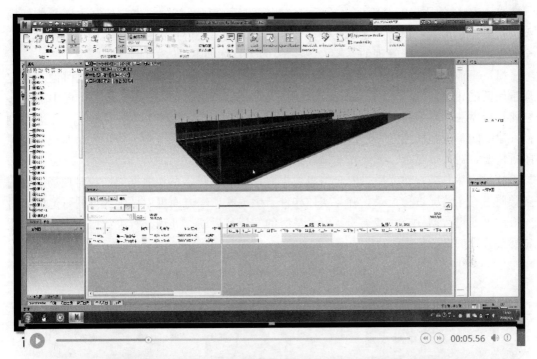

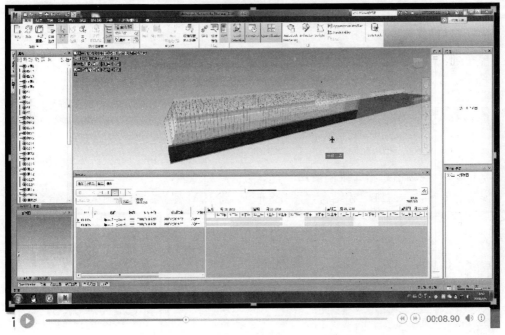

图 3-3-15　管廊跳舱法施工模拟

3.3.5 BIM 现场管理及应用

3.3.5.1 质量与安全管理

基于 BIM 的质量安全管理包括事前控制和事后总结两部分。事前控制主要是依托模型进行复核和排查，预防问题的发生；而事后总结则主要依托信息记录过程中的质量、安全实施过程，作为后续管理的参考（图 3-3-16）。具体如下：

（1）事前控制：利用 BIM 技术进行重点部位的模拟和技术交底，直观地讨论和确定质量保证的相关措施；利用 BIM 技术开展样板引路，制作虚拟样板，并在样板中加入多样化样板做法、质量控制要点、质量标准的信息。通过三维模型对施工面危险源进行判断，建立防护设施模型库，形成安全策划；在危险源附近装置探测装置，实时监测危险源附近情况，对人员靠近、危险作业情况给出预警。

（2）事后总结：建立质量安全信息数据库，确定编码体系和数据架构，对现场发生的各类质量安全情况进行记录，并与实体构件产生关联，一方面可以做到数据的可追溯；另一方面可通过数据库查找各类质量安全情况的发生、反馈、处理、解决数据，作为后续质量安全管理的参考依据。

图 3-3-16　施工安全质量控制展牌

3.3.5.2 现场信息和二维码使用

模型与云平台、二维码相结合（图 3-3-17）。将 BIM 建立的模型导入云平台，形成二

图 3-3-17　BIM 与二维码结合应用

维码，粘贴到每一段施工现场，项目将模型成果或构件相应信息文件存至协同管理平台，并记录其地址位置。

利用二维码工具将模型成果或信息文件对应的地址位置转化成二维码。如项目使用广联达 BIM 5D 作为综合管理平台，也可使用 BIM 5D 生成构件二维码，现场管理人员可通过 BIM 5D 手机客户端扫描二维码对构件信息进行查阅。

3.3.6　BIM 施工展示应用

3.3.6.1　BIM 漫游模拟

根据工程实际情况，可在施工阶段应用 BIM 漫游模拟。漫游模拟的主要目的是利用 BIM 软件模拟管廊的三维空间，通过漫游、动画的形式，及时发现不易察觉的设计缺陷或问题，减少由于事先规划不周而造成的损失，有利于设计与管理人员对设计方案进行辅助设计与方案评审，促进管廊施工的流畅性（图 3-3-18）。

图 3-3-18　管廊仿真漫游

3.3.6.2　BIM 增强现实

增强现实技术是一种实时计算摄影机影像的位置及角度并加上相应图像、视频、3D 模型的技术，这种技术的目标是在屏幕上把虚拟世界与现实世界叠加并进行互动。增强现实技术将会是 BIM 未来的发展热点之一，因为增强现实技术可以真正地把 BIM 中的信息带入现场：项目管理人员可以将模型中的信息载入至增强现实引擎，当穿戴增强设备进入现场时，设备将自动把模型与现场进行匹配，项目管理者可以实时读取 BIM 成果，甚至将各类项目所需的各种信息与现场对应匹配。

3.4 系统集成阶段

3.4.1 采购管理

采购管理是实施智慧管廊工程的重要阶段，也是项目成本管理的重要环节。利用BIM 技术在工程量计算、采购清单生成方面的优势，可以将管廊信息模型以及云计算平台整合在一起，形成 4D-BIM 信息交流平台，使智慧管廊项目采购的所有人员参与其中，协同改进项目物料采购管理。

（1）基于 BIM 的采购管理，解决项目供需双方信息不对称与传递不及时的问题。

采购过程涉及信息流、物料流、资金流这三种流形式，BIM 为供需双方提供了项目进度计划、物料需求等信息，各方可以在 BIM 平台共享信息、协商采购，生成物料采购清单并由供应商供货，物料最终验收合格即采购完成（图 3-4-1）。

在具体项目建设过程中，供应商通过 BIM 平台了解施工现场物料情况，并提前接入到项目的采购中，对项目采购计划做出合理预判，提高供应商的应变能力。BIM 提供了详细的物料清单以及进度计划，通过工作分解结构（WBS）可以得到具体工作包的详细物料清单、成本等信息。此外，RFID、GIS 等技术能够对现场物料、运输在途物料进行监控，实时而准确的物料信息为采购提供了保障。

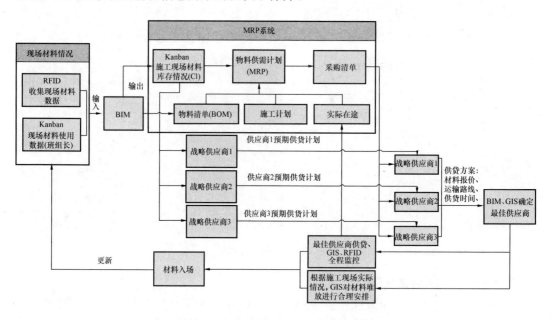

图 3-4-1　基于 BIM 的项目采购流程

（2）对供应商提出 BIM 要求，有利于不断校准与丰富项目信息模型及数据库。

在采购过程中，将提供物料（主要指设备）信息模型列入招标要求。这样不仅能够确保模型与实物的一致性，以及物料信息的准确、完整、可追溯，也提升了信息模型数据库的维护工作效率，同时也是检验供应商实力的一种途径。

3.4.2　安装应用

综合管廊内的机电设备并不复杂，多为成套采购、整体安装。安装阶段面临的主要问题，在于如何在有限的空间内对设备进行合理布设和有序施工。廊内机电设备高度集中的区域主要有以下三类：

① 顶板中部：综合管廊内可用于布设机电设备的顶板空间并不充裕，一般为巡检通道上方宽度在 0.9~2.2m 的区域，包括普通照明、应急照明、自动灭火、火灾报警、监控摄像、巡检机器人在内的大量设备集中于此。

② 机柜室内：综合管廊附属设施系统所配备的供配电、照明、安防、监控、报警、控制等多种专业箱、柜，一般集中布设于专门的机柜室内。综合考虑总体设计、工程造价等多方面的因素，机柜室的布置一般也都相对紧凑，造成设备安装时运输及操作空间较为狭小。

③ 分区隔断周边：综合管廊消防系统、环境与设备监控系统的部分设备要求在分区隔断或进、排风口附近布设，此处设备相对集中。

利用 BIM 技术指导机电安装，可以有效避免碰撞和返工，实现科学的进度监控与材料管理，以及参建各方的有效协同与沟通。在安装过程中，实时更新 BIM 模型与数据，有利于形成完整、准确的竣工模型。

安装开始前，首先利用模型进行碰撞检查，调整、优化设备与管线布置，并通过仿真模拟，进行安装过程的预演，制定最佳安装计划。

安装过程中，利用激光扫描技术结合模型，指导安装人员在现场对设备、设施准确定位。

安装完成后，注意更新信息模型，使其与现场实际情况保持无误，并及时录入设备、设施的出厂及安装信息。

3.4.3　编码体系

集成阶段是综合管廊建成交付前一个承前启后的重要阶段，此前各阶段的大量信息、数据汇聚于此。通过科学、系统地编码，可以使信息的存储更为有序、查找更为便捷，进而实现各生命周期间数据传导，并为管廊运营阶段开展运维管理、物料管廊、资产管理等各项工作奠定基础。

利用 BIM 技术确定和完善智慧管廊的编码体系，需要重点注意以下问题：

（1）制定编码体系的首要原则是使构成综合管廊的元素以及参与综合管廊活动的要素都拥有唯一的代码。因此，在构建编码体系时，要充分考虑综合管廊各个生命周期的需求。

（2）编码体系应层级清晰，字段可灵活拆分、组合以便于检索，层级与字段均应考虑一定预留。

（3）如此前各阶段的编码规则未统一，建议根据项目情况决定是否需统一前期编码。如不进行统一，则需构建此前各阶段间管廊信息模型元素的映射关系，以实现此前各阶段的数据传导。

（4）针对管廊运营阶段的需求及活动特点，在制定编码层级与字段时，需要考虑的因素包括：运维管理所涉及的设备材料所属的系统、类型，型号、性能，所属管廊、分区及安装位置，安装、维检信息；物料管理所涉及的采购信息、厂家信息、入库出库信息、库存信息等。

（5）具体的编码规则及方法可参考《建筑信息模型分类和编码标准》GB/T 51269—2017、《综合管廊工程 BIM 应用》18GL102 中"模型编码"章节以及 KKS 编码。

3.4.4 信息模型整合

对于智慧管廊来说，模型整合可以概括为模型内部整合与外部对接两个方面。

（1）内部整合，指将信息模型中所反映的综合管廊规划—设计—施工—采购—安装等阶段的信息与数据，按照统一的标准及规定进行整理，对模型进行轻量化处理，并形成不同的数据库，以便运维阶段调用。

（2）外部对接，指根据运维阶段不同方面的使用需求，对模型进行转换处理，接入GIS、监控、资产管理等不同的平台。

3.5 验收与交付阶段

验收与交付是智慧管廊投入运营前的最后一个阶段。在这一阶段，利用 BIM 技术完成此前各个阶段信息与模型的汇总与校核，对智慧管廊能够顺利开展运维管理活动具有重大意义。

3.5.1 BIM 验收交付内容

（1）BIM 模型

BIM 模型的单位和坐标、BIM 模型拆分符合标准要求，图形显示效果保持与实体管廊的一致性。

BIM 模型文件夹结构、文件命名、文件的存储符合项目的要求。

BIM 模型文件交付的格式应为 DGN 或 RVT，以及 FBX 等项目所需要的格式。

（2）BIM 信息

BIM 信息应包括几何信息、技术信息、产品信息、建造信息、维保信息，具体详见表 3-5-1。

BIM 模型信息格式及体现方式 表 3-5-1

信息类型	信息内容	信息格式	信息体现
几何信息	实体尺寸	数值	模型
	形状	数值	模型
	位置	数值	模型
	颜色	数值	模型
	二维表达	文本	模型/图纸
技术信息	材料	文本	模型
	材质	文本	模型
	技术参数	文本	模型

信息类型	信息内容	信息格式	信息体现
产品信息	供应商	文本	模型
	产品合格证	文本	图片
	生产厂家	文本	模型
	生产日期	时间	模型
	价格	数值	模型
建造信息	建造日期	时间	模型
	操作单位	文本	模型
	使用年限	数值	模型
维保信息	保修年限	数值	模型
	维保频率	文本	模型
	维保单位	文本	模型

（3）BIM 工作说明书

BIM 工作说明书是帮助业主充分利用交付的 BIM 工作模型而编制的图文资料。

说明书包含以下内容：BIM 工作系统简介、BIM 工作模型交付标准、信息精度交付标准、模型交付格式、数据库类型、模型查阅与修改方法等。

（4）BIM 工作族库

模型族库文件依据要求进行建立，模型族库文件夹结构符合相关要求。

3.5.2 BIM 验收交付标准

建筑信息模型精细度分为五个等级，各等级所应用的阶段详见表 3-5-2。

模型精细度应用阶段　　　　　　　　　　表 3-5-2

模型精细度	应用阶段	具体用途
LOD 100	勘察/概念化设计	项目可行性研究
		项目用地许可
LOD 200	方案设计	项目规划评审报批
		建设方案评审报批
		设计概算
LOD 300	初步设计/施工图设计	专项评审报批
		节能初步评估
		工程造价估算
		工程施工许可
		施工准备
		施工招投标计划
		施工图招标控制价

模型精细度	应用阶段	具体用途
LOD 400	虚拟建造/产品预制/采购/验收/交付	施工预演
		产品选用
		集中采购
		施工阶段造价控制
LOD 500	竣工结算	施工结算

由表 3-5-2 可知，管廊信息模型在验收与交付阶段应达到 LOD 400 的精细度，其所应包含的信息应包括但不限于：

（1）项目基本信息：项目名称、建设地点、建设指标、建设阶段、业主信息、信息模型提供方、其他建设参与方、管廊类型或等级等。

（2）管廊属性信息：识别特征（宜）、位置特征、时间和资金特征（宜）、来源特征（宜）、物理特征、性能特征（宜）等。

（3）场地地理信息及外部工程信息：场地边界（用地红线）、现状地形、现状道路及广场、现状景观绿化或水体、现状市政管线、新（改）建地形、新（改）建道路、新（改）建景观绿化或水体、新（改）建外部管线、现状建（构）筑物、新（改）建建（构）筑物、气候信息、地质条件、地理坐标、周边其他相关设施（停车场、地面消防设备）等。

（4）管廊外部围护设施信息。

（5）管廊本体构件信息。

（6）管廊附属设施信息。

而其所应达到的建模精度，具体参见《建筑工程设计信息模型交付标准》第 5.4.4 条，以及《综合管廊工程 BIM 应用》18GL102 中"BIM 应用一般规定"章节。

3.6 运维阶段

3.6.1 可视化管理

科学计算可视化应用从 20 世纪 80 年代开始到现在已经走过了 30 年的道路，它运用计算机图形学和图像处理技术，将计算后的数据与 BIM 数据有效结合转为图像，在屏幕上显示出来并进行交互处理。

可视化应用管理需要一套可以支撑大数据的可视化引擎作为基础，它需要具备提供不同类型可视化图层、GPU 高性能渲染、结合地理信息数据（WGS84）等特点，为 BIM 数据可视化管理提供出口。

3.6.1.1 GIS 接入 BIM 数据的格式转换与压缩

无论选择以哪种三维引擎作为基础，都会涉及 BIM 数据格式的转换与压缩（图 3-6-1）。格式转换是为了将 BIM 数据当前数据格式转换为可视化引擎能够识别的数据格式，如 JSON 格式的文本类型等。为实现流畅地运行应用，需要将数据进行压缩或者轻量化处理。可视化应用并不需要原始信息模型中的复杂结构及纹理。

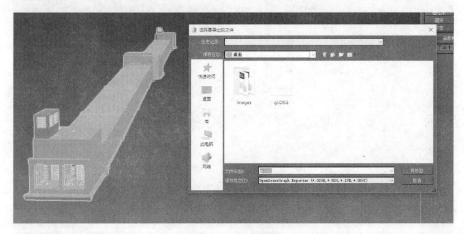

图 3-6-1　数据传递

3.6.1.2　Viewer 的应用

可视化的基础应用是将三维模型在视图中显示并进行交互，进而进行更复杂的场景控制。如在空间中创建一个立方体，首先创建了一个矩阵，然后创建一个立方体模型并放入矩阵，最后将承载着模型的矩阵放入到节点中并通过 Viewer 到 HTML 创建的 canvas 展示出来（图 3-6-2）。

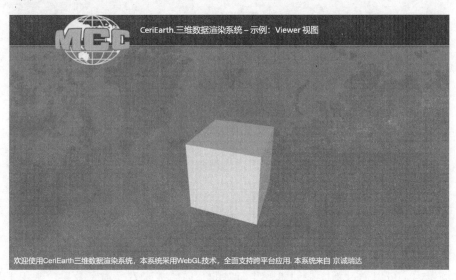

图 3-6-2　Viewer 视图

3.6.1.3　可视化入门操作

（1）三维模型载入

三维可视化的基础性工作是将 BIM 数据通过引擎渲染出来，HTML 的 canvas 可以作为视图的出口（图 3-6-3）。

（2）Camera 相机漫游

相机交互也是可视化应用中的一项基本功能。相机控制是较为常见的交互手段之一，

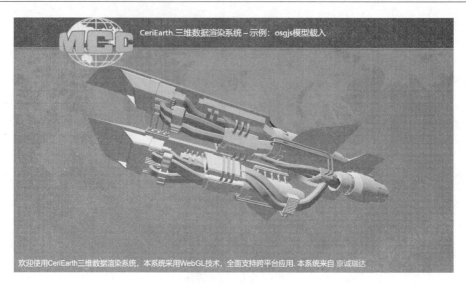

图 3-6-3　模型载入

可以通过鼠标操作相机镜头进行场景漫游，也可以创建一组相机，通过间隔时间更换不同相机所在的观察点，实现按照预定线路或计算结果进行漫游（图 3-6-4）。

图 3-6-4　Camera 相机漫游

（3）绘制几何体

在场景内，可以通过程序来创建一些简单的几何体或者发光粒子效果，常用于数据分析之后的大数据拟物化，或热力图、路线图等。给出顶点坐标数组，依照数组将顶点按照不同的模式连接并渲染出来，则可实现在场景中构建点、线、面（图 3-6-5）。

（4）简单的材质贴图

在几何体上贴上材质图形，可以使其更加真实（图 3-6-6）。

（5）创建 2D 文字

在项目中，文字渲染必不可少。通常引擎都会定义有 osgText 来专门管理场景中的文字渲染，负责加载和控制场景（图 3-6-7）。

图 3-6-5　绘制几何体

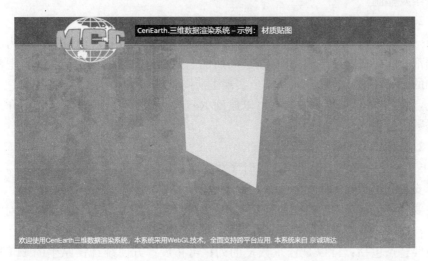

图 3-6-6　材质贴图

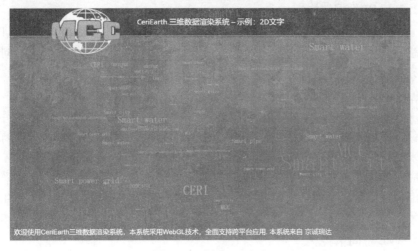

图 3-6-7　创建 2D 文字

3.6.2 数据库管理

3.6.2.1 数据库结构及数据管理

数据库是按照数据结构来组织、存储和管理数据的仓库。管廊是一个庞大的地下空间结构，在这个结构中拥有大量的数据，其中基础数据占有至关重要的位置。管廊地理位置、分区地理位置、廊内物料位置坐标、廊内物料信息、管线信息等数据庞大而驳杂。

在管廊日常维护的过程中也会产生巨量的数据，包括人、时、事、物等。无论是基础数据还是生产数据等都是重要的、宝贵的，对这些数据进行有效的存储、分析将更有利于管廊的生命成长。

3.6.2.2 OPC 数据采集及发布

数据采集有多种方式。OPC 通信是一种国际通用的通信方式，应用较广，大多数系统都具备 OPC 通信接口。如廊内的环境数据采集可以利用 OPC 作为桥梁，实现数据平台的数据采集及控制。

3.6.2.3 Redis 内存池

Redis 是一个开源的支持网络、可基于内存也可持久化的日志型数据库。为了保证效率，数据都是缓存在内存中的。Redis 会周期性地把更新的数据写入磁盘或者把修改操作写入追加的记录文件，并且在此基础上实现主从同步。

因此，通过 OPC 采集来的数据可以放到 Redis 里面，然后通过后文将要介绍的 API 接口输送数据给用户。

3.6.2.4 Influx DB 历史数据库

Influx DB 是一款当下比较流行的时序数据库。Influx DB 使用 Go 语言编写，无须依赖外部，安装配置都非常简单，适合构建大型分布式监控系统。

其主要特色包括：基于时间序列，支持与时间有关的相关函数；可以实时对大量数据进行计算；支持任意的事件数据等。

其主要特点包括：可以是任意数量的列；可拓展；方便统计；原生的 HTTP 支持；强大的类 SQL 语法；自带管理界面。

3.6.2.5 API 数据结构

Web API 是一个应用非常广泛的网络程序接口。网络应用可通过 API 接口实现存储服务、消息服务、计算服务等，利用这些可以开发功能强大的 Web 应用。不同系统，或与采集服务之间，或服务与服务之间，可通过 Web API 进行有效数据交换。

3.6.3 虚拟应用

在综合管廊运维管理阶段，BIM 技术除了可以应用到可视化管理及数据库管理之外，还可以用来实现管廊的虚拟漫游、仿真培训等虚拟应用。

虚拟应用的交互方式，既可采用传统的显示器加键盘、鼠标形式，也可采用 VR 设备，通过虚拟现实技术实现。采用这两种方式，每套设备只能同时供一个人使用。当针对受众人数较多的使用场景时，还可以利用投影、图像拼接、触控等多媒体技术手段，在展厅中设置 CAVE 空间来实现。

传统交互方式采用键盘、鼠标进行操作，操作体验差，缺乏沉浸感和真实感，而虚拟现实作为目前非常流行的新型交互手段，能够带来更加真实的交互体验，更加有利于仿真培训，因此本节主要介绍基于虚拟现实技术的综合管廊运维管理虚拟应用。

3.6.3.1 虚拟现实技术

（1）技术简介

虚拟现实是近年来出现的高新技术，也称"灵境技术"或"人工环境"。虚拟现实利用计算机模拟生成一个三维空间的虚拟世界，提供使用者关于视觉、听觉、触觉等感官的模拟，让使用者身临其境，可以及时、多角度地观察三维空间内的事物。虚拟现实是一种对复杂数据进行可视化操作与交互的全新方式，与传统的人机界面以及流行的视窗操作相比，虚拟现实在技术思想上有了质的飞跃。

虚拟现实主要包括模拟环境、感知、自然技能和传感设备等方面。模拟环境是指计算机生成的、实时动态的三维立体逼真图像。感知是指理想的 VR 应该具有一切人所具有的感知。除计算机图形技术所生成的视觉感知外，还有听觉、触觉、力觉、运动等感知，甚至还包括嗅觉和味觉等，也称为"多感知"。自然技能是指人的头部转动，眼睛、手势或其他人体行为动作，由计算机来处理与参与者的动作相适应的数据，并对用户的输入做出实时响应，并分别反馈到用户的五官。传感设备是指三维交互设备。

（2）关键技术

虚拟现实是一项综合集成技术，涉及计算机图形学、人机交互技术、传感技术、人工智能等领域，它用计算机生成一个逼真的三维视觉、听觉、嗅觉等感觉世界，使人作为参与者，通过适当装置自然地对虚拟世界进行体验和交互作用。使用者进行位置移动时，电脑可以立即进行复杂的运算，将精确的 3D 世界影像传回，产生临场感。该技术集成了计算机图形（CG）技术、计算机仿真技术、人工智能、传感技术、显示技术、网络并行处理等技术的最新发展成果，是一种由计算机技术辅助生成的高技术模拟系统。

1）虚拟现实首先是一种可视化界面技术，可以有效地建立虚拟环境，这主要集中在两个方面，一是虚拟环境能够精确表示物体的状态模型，二是环境的可视化及渲染。

2）虚拟现实仅是计算机系统设置的一个近似客观存在的环境，为用户提供逼真的三维视觉、听觉、触觉等感受。它是硬件、软件和外围设备的有机组合。

3）用户可通过自身的技能以 6 个自由度在这个仿真环境里进行交互操作。

4）虚拟现实的关键是传感技术。

5）虚拟现实离不开视觉和听觉的新型可感知动态数据库技术。可感知动态数据库技术与文字识别、图像理解、语音识别和匹配技术关系密切，并需结合高速的动态数据库检索技术。

6）虚拟现实不仅是计算机图形学或计算机成像生成的一幅画面，更重要的是人们可以通过计算机和各种人机界面与机交互，并在精神感觉上进入环境。它需要结合人工智能、模糊逻辑和神经元技术。

（3）技术应用

虚拟现实作为一种全新的交互体验，目前已在娱乐、建筑、医疗、工业、军事、航天、艺术等众多行业中得到应用，尤其在游戏、视频等应用场景得到广泛的发展。

近几年，随着技术的推广，虚拟现实更多地应用到了三维展示、参观漫游、教学培训等领域，沉浸式的交互方式也能够带来更好的用户体验。

3.6.3.2 虚拟应用硬件设备

目前主流的 VR 设备包括手机盒子、VR 一体机、外接式 VR 头盔等。手机盒子及 VR 一体机分辨率较低、功能有限，大多用于游戏及观看三维视频，而外接式 VR 头盔分辨率高，可外接空间定位设备及手持控制器，通过高配置的外置主机实现复杂的图形运算和功能体验。考虑到综合管廊运维管理虚拟应用的需要，更适合使用外接式 VR 头盔设备。

常见的外接式 VR 头盔设备主要有 HTC Vive、Oculus Rift、PS VR 等，目前 HTC Vive 在国内应用更广。

3.6.3.3 软件开发平台

（1）Unity

Unity 引擎是由 Unity Technologies 开发的一个让玩家轻松创建诸如三维视频游戏、建筑可视化、实时三维动画等类型互动内容的多平台的综合型游戏开发工具，是一个全面整合的专业游戏引擎。Unity 类似于 Director、Blender Game Engine、Virtools 或 Torque Game Builder 等利用交互的图形化开发环境为首要方式的软件。其编辑器运行在 Windows 和 Mac OS X 下，可发布游戏至 Windows、Mac、Wii、iPhone、WebGL（需要 HTML5）、Windows phone 8 和 Android 平台。也可以利用 Unity Web Player 插件发布网页游戏，支持 Mac 和 Windows 的网页浏览。它的网页播放器也被 Mac 所支持。HTC Vive 应用即基于 Unity 引擎开发。

（2）SteamVR

SteamVR SDK 是一个由 Valve 提供的官方库，以简化 Vive 开发。可实现对视角的控制，对手柄的定位，手柄按键操作，射线、瞬移交互、活动空间显示等功能。

3.6.3.4 BIM 与 VR 的技术融合

将综合管廊的 BIM 数据导出为 VR 引擎支持的格式（如 FBX 格式），经过 3Ds Max 等软件进行贴图等美化处理后，导入到 VR 引擎，建立虚拟的管廊三维场景，即可在此基础上基于 VR 的开发，实现 BIM 与 VR 相融合的虚拟应用。

对于静态场景，不需要实现动态效果的场景，可统一导入到 VR 引擎，这样有利于实现模型的轻量化，提高应用的整体执行效率；对于动态场景，如设备、管线、可拆解的管廊结构模型等，可分别导入到 VR 引擎，从而可在应用开发时对各模型分别进行处理，实现相应的动态展示功能。

同时，利用手柄等交互设备，可实现在三维场景中的漫游，对特定模型的选取及操作，达到三维模型与虚拟交互的融合。

3.6.3.5 综合管廊 BIM＋VR 运维管理虚拟应用

BIM＋VR 运维管理虚拟应用主要面向管廊运维人员进行开发，通过三维虚拟现实技术实现管廊运维管理相关培训。

（1）主要功能

利用 VR 设备，在综合管廊虚拟三维场景中，对管廊内外部结构、特殊节点、廊内设备、入廊管线等虚拟漫游展示，并通过语音及文字等对相应内容进行介绍，实现对管廊概况及基础知识的宣传及介绍。

同时，结合综合管廊运维管理标准作业流程（SOP），基于 VR 开发相应的仿真培训功能，在三维场景中对巡检、保养、维修等流程进行三维虚拟化模拟，用于运维人员的虚拟培训。此外，可结合应急预案实现三维场景中的应急演练。

（2）主要交互操作

1）左手手柄

移动手柄使光束指向想要到达的地方，按下触摸板后瞬移到目标位置。光束为蓝色时可以移动，红色时不可以。

触摸触摸板，根据触摸方向小范围移动。

2）右手手柄

移动手柄使光束指向可操作区域，按下扳机，完成相应操作。

触摸触摸板，出现操作菜单。

单击触摸板，根据点击的操作菜单实现相应功能。

3）头戴显示器

利用头戴显示器方向的变化，实现三维场景中视角的转换。

利用头戴显示器水平方向上的移动，实现使用者在三维场景中小范围的位置移动。

（3）虚拟漫游

体验者佩戴好 VR 设备后，通过手柄选择想要进入的管廊、舱室及分区，确认后三维场景切换到所选位置。由于管廊三维场景来自设计、施工数据叠加后的 BIM 模型，因此三维场景能够反映管廊内的实际情况，各设备的位置也与实际情况一致。

在管廊三维场景中，体验者可步行在小范围内移动，并通过转头实现各个方向的查看。如想实现较长距离的移动，则需要通过手柄操作实现。

在可进行讲解介绍的区域，如通风井、投料口、管线引出口、人员出入口、风机、水泵、仪表、电缆、给水管线等，会有提示效果，通过手柄光标选择后，系统会使用语音对所选内容进行讲解，同时在旁边显示相应的介绍文字及图片。

漫游过程中，可以通过触摸触摸板调出选择菜单，并点击触摸板切换至其他管廊、舱室或分区，也可退出漫游。

体验者在管廊三维场景漫游的过程中，可以对管廊的结构设计、设备选型情况、入廊管线情况等进行全面的了解，从而实现不进入实际管廊即可学习和掌握管廊基础知识及设计、施工、运维情况。

（4）仿真培训

培训者通过手柄可以选择培训内容，如日常运维管理培训（巡检、保养、维修）、应急演练等。

1）日常运维管理培训

日常运维管理功能包括流程演示系统及考核测试系统。以巡检培训为例：

巡检流程演示系统通过一些固定的巡检流程场景（地面巡检、电舱巡检、综合舱巡检、天然气舱巡检、管线入廊巡检等）向培训者展示管廊的巡检流程，并使培训者熟悉仿真培训系统的操作。培训体验过程中，培训者主要通过手柄进行移动，当到达特定位置时，系统自动通过语音及文字介绍巡检内容及要求。

巡检考核测试系统则随机下发巡检工单，培训者根据工单要求，通过培训系统进行模拟巡检。培训者对工单要求的巡检项目逐一检查，并记录巡检结果。巡检完成后，系统对巡检结果进行评判并打分，并用于对培训者培训情况的考核。

保养培训、维修培训功能与巡检培训类似，还可通过手柄实现对设备的清洁、拆卸、更换等操作。

2）应急演练

应急演练功能包括应急流程演示系统及应急演练考核测试系统。

应急流程演示系统以虚拟现实动画视频的方式，通过接近现实情况的沉浸式体验，向培训者展示火灾、爆管、人员入侵、地震等紧急情况下的应急流程。培训者通过应急流程演示，可以更直观地学习各种紧急情况下的应对措施，了解应急预案。

应急演练考核测试系统根据培训者的不同身份（巡检人员、维修人员、管理人员等）随机生成紧急场景，培训者根据职责权限及应急预案的要求，进行应急处置，通过手柄完成相应操作。应急处置完成后，系统对培训者的应急处置进行评判。

3.6.3.6　CAVE 空间应用

VR 设备适合于针对管廊运维人员的虚拟培训，且同时只能一人使用，而对于只是需要对管廊有所了解且人数较多的情况，则可在综合管廊展厅中，利用 BIM 加 CAVE 空间技术实现。

（1）CAVE 系统

CAVE（Cave Automatic Virtual Environment）是一种基于投影的沉浸式虚拟现实显示系统，其特点是分辨率高，沉浸感强，交互性好。CAVE 沉浸式虚拟现实显示系统的原理比较复杂，它以计算机图形学为基础，把高分辨率的立体投影显示技术、多通道视景同步技术、音响技术、传感器技术等完美地融合在一起，从而产生一个被三维立体投影画面包围的供多人使用的完全沉浸式的虚拟环境。

（2）基于 BIM＋CAVE 的综合管廊虚拟应用

针对参观展示等参与人员较多的场景，如展厅，可设置 CAVE 空间，并将 BIM 导出的综合管廊三维模型进行图像处理，使之通过各投影机投影到 CAVE 空间各幕墙后，形成一个沉浸式的管廊内部三维空间。由于视频拼接难度大，为了达到更好的体验效果，基于 BIM＋CAVE 的综合管廊虚拟应用宜采用动画演示的方式。参观人员在 CAVE 空间内，可以通过自动漫游动画，直观地对管廊内部结构、附属设施、入廊管线等有所认识。同时，通过运维、应急流程动画，也可对管廊的运维管理进行了解。

受制作难度及成本因素制约，目前 BIM＋CAVE 的综合管廊虚拟应用不适合对管廊运维单位相关人员的日常仿真培训，更适合应用在展厅的管廊介绍与展示中。

3.6.3.7　基于 BIM 的虚拟应用的优势

基于 BIM＋虚拟现实的综合管廊运维管理虚拟应用，能够不受时间及管廊现场情况的影响，通过沉浸式的虚拟互动体验，对管廊运维人员进行仿真培训及考核，能够最大程度地利用 BIM 在规划、设计、施工中的成果，经济、安全、便捷地实现管廊应急演练，从而提高管廊运维管理效率，保证管廊运营安全。

3.6.4　模拟应用

此外，在管廊运维阶段，BIM 技术还可以用来对事故进行三维模拟，通过直观的展示，指导应急预案的编制与完善。

3.6.4.1 利用 BIM 技术进行事故模拟的优势

对于综合管廊的应急预案大多采用应急演练来进行培训及验证，但是应急演练本身存在着一些问题：第一，应急演练耗时长，成本高，危险性大且不可重复，影响处置结果的普遍性；第二，演习人员知道自己处于一个"并不危险的环境"中，可能造成自身安全意识不足，影响演练结果的有效性；第三，演练只有在管廊设计施工完成后方可进行，这样就不能解决设计本身存在的问题，而后期修改却又耗时耗力。

相比传统的应急演练方式，计算机仿真模拟不仅在耗时、费用和安全性方面的优势明显，而且还可以通过反复模拟和运算来全面分析火灾、爆管等事故状态，当然也可以通过模拟仿真及大数据分析对可能的事故进行预判，提早发现并处理问题。

计算机仿真模拟首先要求建立一个管廊内部环境模型，然后输入人员疏散行为特征参数、气体扩散特征参数、水流速特征参数等，并根据已编制的应急预案流程将各特征参数动态加载在管廊环境模型内，实现对各事故过程及应急处置的模拟仿真。

基于对精确建筑环境模型的需求，可提供准确、全面、与实际情况一致的 BIM 模型成为仿真模拟的优先选择。当然，BIM 应用于应急模拟的优势远不只如此，这有赖于 BIM 强大的信息集成性。BIM 模型集成了建筑从设计、施工到运营各个阶段的所有真实信息，包括尺寸大小、空间位置、材料属性等几何形状信息和非几何形状信息。而这些包含在 BIM 模型里的信息在模拟应急过程时可以发挥重要的作用。例如，在 BIM 模型里，墙构件中所包含的信息，不仅有几何尺寸和空间位置等信息，还有墙体材料、表面处理、墙体规格、保温隔热性能、造价等。而墙体材料、保温隔热等参数在很大程度上决定了火灾突发情况下人员安全疏散的可用时间，这对于廊内人员是否可以在可用安全疏散时间内顺利撤退有着直接影响。

另一方面，BIM 技术还可呈现出优质的三维可视化图像，借助某些技术平台就可形象生动地展示突发情况下应急处置的整个过程，视觉上更佳直观，也更容易使人接受和学习。此外，还可通过直观的展示来发现应急预案中存在的问题与不足，完善应急预案的编制。

因此，利用 BIM 技术进行事故模拟仿真具有明显的优势。

3.6.4.2 基于 BIM 的事故模拟

（1）管廊 BIM 环境模型

首先，要实现基于 BIM 的事故模拟，需要有与现场实际情况一致的管廊 BIM 环境模型，模型应满足如下要求：

1）模型应包含规划、设计、事故、运维各个阶段的数据，能够反映管廊内的真实情况，如管廊内的空间尺寸、通风井、人员出入口、逃生口、疏散指示、灭火器、环境检测仪表、可燃气体检测仪表等的具体位置及技术参数。

2）模型应包含已入廊的各管线模型及相关技术参数，如电缆型号、管线材质、管径、介质参数等。

3）对现场检测的实际环境数据，电缆温度数据，管道流量、压力及温度数据等进行统计及分析，建立检测数据的仿真模型。

通过将 BIM 模型与检测数据仿真模型相结合，可以接进真实地反映管廊内的实际环境情况，为事故的模拟提供数据基础及模拟加载环境。

（2）特征参数

除了搭建管廊 BIM 环境模型外，还需对管廊事故模拟过程中涉及的各个对象的特征参数进行分析。对象主要包括：廊内人员、管道内的介质（天然气、自来水、中水、蒸汽等）、电缆、廊内结构设施等。特征参数的确认需结合廊内实际采购、安装设备的规格参数，各管线单位提供的技术参数、设施实际材质及经验进行分析整理。同时，对于气体、火焰等的扩散参数，需通过专门的模型进行计算。

1）廊内人员

根据日常经验，结合管廊内的空间情况，确定人员逃生时的速度，该速度会根据廊内坡度、遇到楼梯或爬梯等不同情况进行动态调整。

2）天然气、蒸汽

根据管道泄露面积、气体压力、流量、温度及管廊内的空气流速、环境温度等情况，根据气体扩散模型动态计算气体扩散速度及廊内气体浓度情况。

3）自来水、中水

根据管道泄露情况及水压、水流量及排水设施的排水能力，通过模型计算泄漏后管廊的积水情况。

4）火灾

根据廊内空气流动性、电缆外皮材质、起火周边情况等，通过模型计算火焰及烟气扩散速度。

5）水灾

根据降雨量、管廊渗漏情况、排水设施排水能力等，通过模型计算管廊的积水情况。

6）地震

根据地震强度、震源深度、震源位置、管廊结构强度等条件，通过模型计算管廊沉降、裂缝、位移情况。

7）廊内设施

根据设计、施工、采购相关信息，确定风机通风能力、排水设施排水能力、灭火器灭火能力等。

（3）事故仿真

在建立管廊环境模型、确定各对象的特征参数后，即可结合应急预案在环境模型中进行事故模拟及应急处置仿真。

1）确定事故类型、位置及程度

事故模拟前，需确定模拟事故的类型、位置及程度，即确定模拟火灾、爆管、水灾、地震的事故类型，并确定事故发生在哪个管廊、哪个舱、哪个分区，以及事故的严重程度。

2）加载应急预案

根据事故类型及程度确定需启动的应急预案，并根据应急预案流程确定事故模拟中涉及的人、设备设施，确定各对象的特征参数。

根据事故发生位置，确定事故模型的管廊环境模型区域，并将事故模拟涉及的各个对象的特征参数动态加载到环境模型里。

根据应急预案流程，动态加载各对象，如人员逃生、火灾扩散、管廊积水变化、管廊结构形变等。以电舱火灾事故为例：电舱某分区电缆起火，系统根据设置好的火灾程度自动计算并动态展示火灾扩散；火灾报警系统检测到火灾，并自动关闭防火阀，停止风机，启动灭火装置进行灭火；监控中心收到报警信号，通知廊内巡检人员按照指导路线逃生；火灾逐步熄灭；火灾熄灭后，打开防火阀，启动风机进行排烟；环境正常后，人员进入管廊查看事故影响情况并记录。事故模型过程中，模型根据灭火器、廊内氧气含量等特征参数，动态调整火灾及烟气的扩散速度及火灾影响范围，根据管廊情况实时调整廊内人员模型的移动速度。

3）验证并完善应急预案

事故模拟过程中，如果应急预案设置有问题，就可能造成事故的进一步扩大。如火灾事故中，如果预案指示的逃生路径不正确，则可造成人员伤亡；如果排烟过早，可能造成火灾复燃等。

利用 BIM 技术进行事故模拟，可通过三维场景进行动态展示，从而直观地对应急预案进行验证，发现应急预案存在的问题，不断对预案进行完善，保障管廊运营维护的安全。

3.6.4.3 基于 BIM 及大数据分析的事故预判

除了事故模拟应用外，还可以结合云计算、大数据分析等技术，利用 BIM 三维模型，对管廊可能发生的事故进行预判预警，防患于未然。

首先，对管廊实时监控数据进行记录与存储，对各种数据进行分类整理。只有在存储了大量数据的基础上，才可能以此为基础进行数据分析。

数据积累到一定程度后，通过云计算、大数据分析，对这些数据进行挖掘及分析，查找事故发生前、发生中及发生后各检测数据的变化规律。

利用 BIM 模型的空间信息数据及气体扩散模型、水泄露模型等对管廊内的检测数据进行预测计算，并通过专家模型及 AI 算法，将计算结果与事故历史数据进行比对，从而预测可能出现的问题，并及时预警，在事故发生前进行补救，防止事故发生，降低事故风险。

4 Bentley BIM 应用解决方案

4.1 工作流程

高效协同是需要标准化对其进行保障的，在复杂条件下的多专业三维协同尤其如此。在标准化的前提下，专业间资料互提的数据接口问题以及数据的重复利用问题均可以得到很好的解决。

利用 Bentley 三维协同设计解决方案标准化部署较容易的特点，根据三维设计技术标准，建立三维设计标准资源文件包（包含种子文件、字体、图层、线型、标准配置文件、各种模板、模型划分、ProjectWise 上组织结构、人员权限等内容），建立标准化三维环境，即标准化 Workspace。

设计项目开始前，在标准工作环境的基础上，建立项目统一坐标系统、项目标准库，并将此信息通知相关参与专业。

同时，项目开始前，在标准工作环境下进行任务分解，将任务分派至专业或个人。若有必要，可结合企业的文件命名规则，在 ProjectWise 环境中将分解后的任务直接建立对应的设计文件。设计人员在工作中只需打开文件即可，无须再自行创建文件。利用 ProjectWise 独特的文件名与文件说明的替代显示技术，既可以使设计人员看到熟悉的、可读的中英文文件名，又可在后台实现符合编码规则的文件存储名。

各专业在标准环境下进行专业三维协同设计，各专业可根据权限调用、查看相关专业的设计资料。

各相关专业完成设计后（或设计的里程位置），进行模型的总装和综合检查，如有问题，反馈信息至相关专业进行修改，然后再次进行综合检查，直至没有问题检出。

对确认无误的综合模型进行固化，以此为基础进行二维图纸的抽取和工程数量的统计(图 4-1-1)。

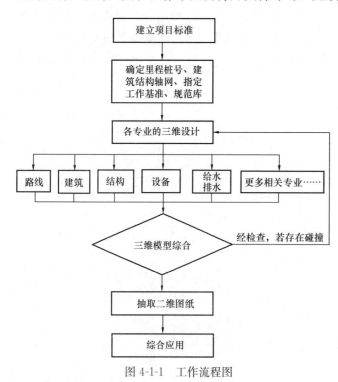

图 4-1-1　工作流程图

4.2 专业工作内容

4.2.1 管廊结构

（1）借助 ContextCapture 还原原始数据

ContextCapture 可将照片自动生成详细三维模型。快速为各种类型的基础设施项目生成最大尺寸、最具挑战性的现状三维模型，还支持最精密复杂的航空相机系统和 UAV 采集系统。ContextCapture 的优势如下（图 4-2-1、图 4-2-2）：

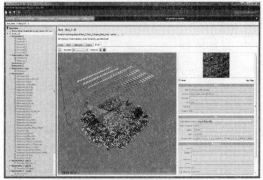

图 4-2-1 处理原始照片

图 4-2-2 生成三维实景模型

1）集成地理参考数据。

2）执行自动空中三角测量/重建。

3）采用可扩展的计算能力。

4）生成二维和三维 GIS 模型。

5）生成三维 CAD 模型。

6）整合位置数据。

7）测量和分析模型数据。

8）发布和查看支持 Web 功能的模型。

Bentley CONNECT 版本的专业软件都集成了实景模型模块，将实景模型连接至各专业软件，不仅可以身临其境并进行剪切、提取地形、缝合、地形修剪等编辑操作，更可以直接利用实景模型进行三维正向设计。而实景模型来自于 ContextCapture。下文主要介绍实景模型是如何应用于工程项目的。

Bentley 在土木行业中的旗舰型软件 OpenRoads Designer CONNECT Edition，是一款面向道路、轨道交通、桥隧、场地、雨水管道等基础设施设计的专业软件，也是土木行业的 BIM 平台（内嵌 Microstation，可集成其他专业产品设计的模型），可为土木工程和交通运输基础设施项目及市政综合管廊的整个生命周期提供支持。OpenRoads Designer CONNECT Edition 包含了完整的工程信息，并且可实现所见即所得的三维参数化建模功能，这些功能可与 CAD 工具、地图工具、GIS 工具以及诸如 PDF、I-model 及超模型等业务工具完美集成，使用该软件可方便地完成整个土木工程项目的设计，并为施工、运维提供基础信息模型。OpenRoads Designer CONNECT Edition 是工程设计公司和交通运输机构实施 BIM 的理想平台。

基于 OpenRoads Designer CONNECT Edition 可完成以下目标：

1）管廊本体模型的参数化创建。

2）道路三维参数化设计。

3）桥梁、隧道、轨道交通等结构物的几何建模。

4）场地设计、雨水和污水管网设计。

5）三维真实效果及三维动态模拟。

6）二维图纸和设计报告的生成与输出。

7）关联设计与修改、方案比选。

8）与 ProjectWise 集成实现工程内容管理及协同设计。

（2）OpenRoads Designer CONNECT Edition 设计流程

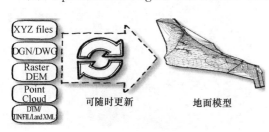

图 4-2-3　数字地模

1）建立项目场地的数字化地形

通过现有勘测数据，包括文本数据、图形数据、点云数据等创建现有数字化地形，为管廊的纵断面走向和场地设计提供原始依据，为排水专业提供数字化地形，为控制埋深、优化排水管网方案提供参考（图 4-2-3）。

除了常规的利用勘察数据创建地形，还可以通过实景模型文件提取地形，并利用实景模型进行辅助设计（图 4-2-4、图 4-2-5）。

数字化地形创建完成以后，根据项目需要进行地形的分析、编辑、浏览等操作，为配合不同的需求提供直观的模型（图 4-2-6）。

图 4-2-4　提取地模

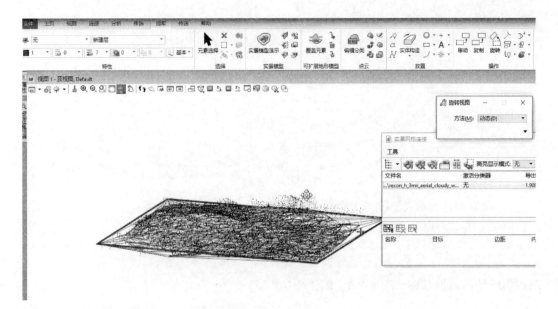

图 4-2-5 编辑地模

图 4-2-6 显示样式

2）中线建模——建立符合规范要求的结构中线

以数字地形为依托，进行管廊的平面设计和纵断面设计。利用现有地表构造物以及关键控制点确定管廊的平面走向，依照现有地形，结合专业需求和管廊埋深等要求确定管廊的纵面走向，最终得到中线，为结构及其他专业提供最基本的控制内容（图 4-2-7）。

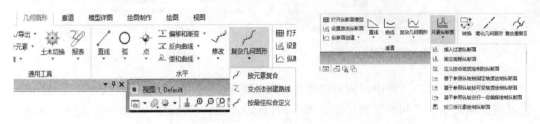

图 4-2-7 管廊定线

利用平面线对应的不同激活纵断面，创建不同方案之间的差异化对比，得到最优方案（图 4-2-8）。

3）创建管廊的标准横断面

根据项目的功能需要和结构划分确定管廊的标准断面形式，定义不同结构的不同特征，在特征定义中可以设定结构的材质、图层等相关信息，为后期渲染效果及工程量的提

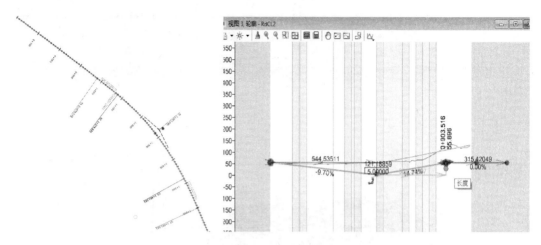

图 4-2-8　纵段拉坡

取提供原始的数据基础（图 4-2-9，图 4-2-10）。

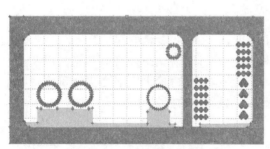

图 4-2-9　管廊断面

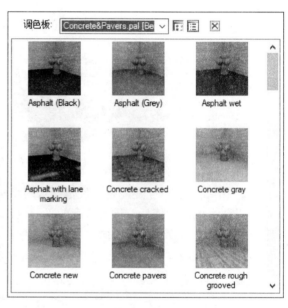

图 4-2-10　材质赋予

管廊模板创建的过程中，同时要考虑到管廊结构发生变化的情况，预先定义好结构变化过程中相关结构之间的联动关系，即联动设计。例如，管廊结构宽度变化时是单侧加宽还是双侧加宽，管廊总体宽度发生变化时各个分舱之间的宽度变化是如何分配等，这些均可以在模板创建的过程中进行定义，后期建模可以直接调用该设置（图 4-2-11～图 4-2-13）。

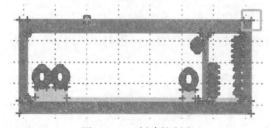

图 4-2-11　创建控制点

4）创建管廊结构模型及线性结构

根据管廊的综合线形，结合标准横断

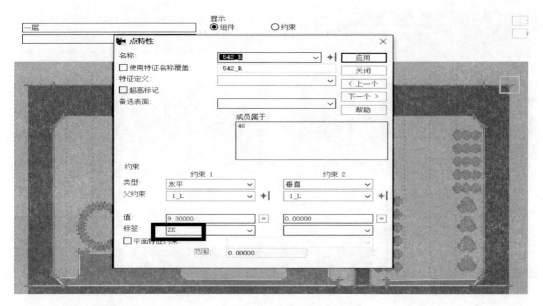

图 4-2-12　管廊总宽的参数控制点

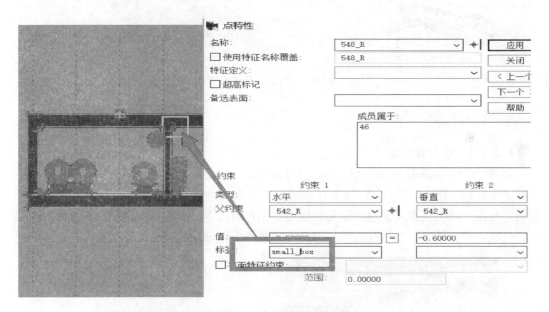

图 4-2-13　单仓宽度控制参数

面，创建管廊的结构模型（图 4-2-14），主要包含管廊的区间主体结构、仓内线性结构。按照模板定义的特征建立模型后，得到生动的项目效果。

　　项目设计过程中，同样存在局部结构尺寸发生变化的情况（图 4-2-15），在模板创建的过程中考虑到整个项目有结构变化区间，管廊设计过程中针对相关的参数进行调整控制，得到符合设计需要的最终模型，同时因为设计过程中各专业相互协调参考，所以最终的模型能够无缝与其他专业包括电气、建筑、管道、工业设备布置等合并，得到整个管廊项目的成果。

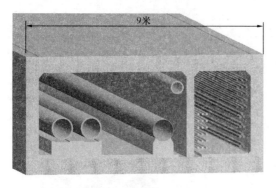
图 4-2-14 标准段管廊总宽 9 米

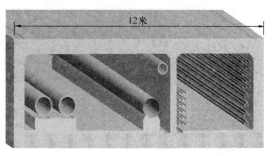
图 4-2-15 局部管廊宽度 12 米

5）管廊项目地质模型

管廊项目设计过程中，地质专业的勘测数据可以通过 OpenRoads Designer 将钻孔数据转换成三维钻孔柱状图和地质分层模型，助力管廊设计中地质结构的分析（图 4-2-16）。

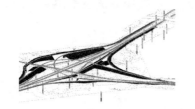

图 4-2-16 地质钻孔及地质模型

4.2.2 管线设计

4.2.2.1 市政管线设计

利用 OpenRoads Designer CONNECT Edition 中的市政管网模块，对市政管线进行三维数字化设计（图 4-2-17），在 SUE 中能够相对于现有地面模型和设计地面模型以及道路和场地几何、以交互方式创建三维关联模型。用户可以在平面视图或纵断面视图中对管网进行操控，平面位置以及管线的纵向设计实时联动，保证项目设计的整体合理性。

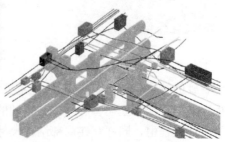

图 4-2-17 市政管线设计

地下管网创建的节点及管线结构按照项目情况可自定义创建本地项目库文件(图 4-2-18)。在复杂的地下管网模型中可以很轻松查询不同专业管线之间的相对关系，同时可以进

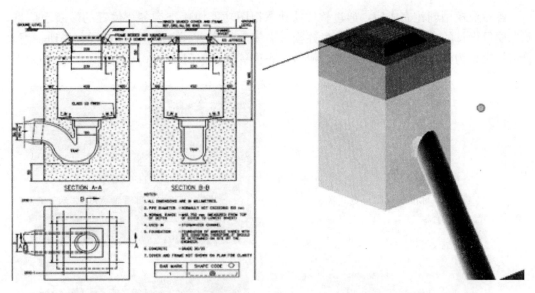

图 4-2-18　自定义节点井

行相关的碰撞检测（包括硬碰撞与软碰撞），并针对碰撞报告进行相关的变更调整。用户可以对包括进水口、管路、通道、集水池、检查井、泵和管道等在内的整个雨水和污水排水管网进行建模、分析和设计。借助一组可靠的计算工具，不仅可以对所有地表径流条件加以考虑，还会对设计进行检查，以确保符合最低和最高要求。使用行业标准的液压法对系统进行分析和设计。使用有理法、经过修正的有理法以及单位水位图建模和池塘路径选择功能，计算池塘大小和流出量特性的水文影响。用户可以创建一整套的水文图、绘图和报告（图 4-2-19）。

		Label	X（米）	Y（米）	Elevation (Top)（米）	Elevation (Bottom)（米）	Storm Water Node Type
雨水节点数据表: Storm Water Nodes (管网 -- Default.sue)							
731: 节点		节点	526,046.31	4,428,135.59	0.00	0.00	进水口格栅
444: 节点		节点	526,273.03	4,427,923.90	0.00	0.00	进水口格栅
157: 节点		节点	526,273.03	4,427,923.90	0.00	0.00	进水口格栅
793: 1		1	526,157.93	4,427,927.76	4.82	-0.18	检查井
794: 2		2	526,123.80	4,427,891.21	4.84	-0.16	检查井
795: 3		3	526,089.68	4,427,854.66	4.85	-0.15	检查井
796: 4		4	526,021.08	4,427,781.19	4.88	-0.12	检查井
797: 5		5	525,986.95	4,427,744.64	4.89	-0.11	检查井
798: 6		6	525,952.83	4,427,708.09	4.91	-0.09	检查井
799: 7		7	525,918.71	4,427,671.55	4.92	-0.08	检查井
800: 8		8	526,024.30	4,428,121.38	4.85	-0.15	检查井
801: 9		9	526,221.56	4,427,937.20	4.80	-0.20	检查井
802: 10		10	526,157.93	4,427,927.76	4.82	-0.18	检查井
803: 11		11	526,123.80	4,427,891.21	4.84	-0.16	检查井
804: 12		12	526,089.68	4,427,854.66	4.85	-0.15	检查井
805: 13		13	526,021.08	4,427,781.19	4.88	-0.12	检查井
806: 14		14	525,986.95	4,427,744.64	4.89	-0.11	检查井
807: 15		15	525,952.83	4,427,708.09	4.91	-0.09	检查井
808: 16		16	526,084.80	4,427,790.73	4.86	-0.14	检查井
809: 17		17	526,149.98	4,428,004.04	4.82	-0.18	检查井
810: 18		18	526,174.48	4,428,030.27	4.81	-0.19	检查井
811: 19		19	525,953.43	4,428,043.90	4.87	-0.13	检查井
812: 20		20	525,888.32	4,427,974.17	4.90	-0.10	检查井

图 4-2-19　节点数据报告

　　各专业模型创建完成后，通过软件的动态视图功能快速查询各个位置的横断面信息，确保项目设计的合理性。以设计信息建模——完整的管廊本体、道路、桥隧、场地、雨水管道等模型为目标实现管廊的浏览、漫游、查询等操作（图 4-2-20）。

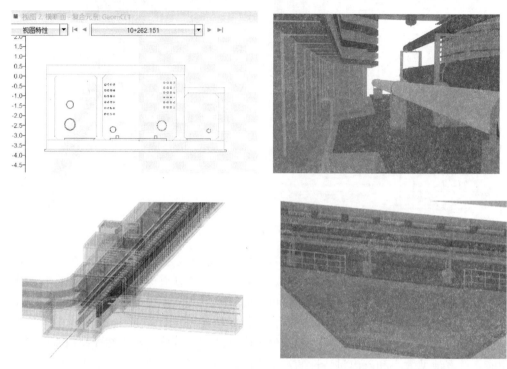

图 4-2-20　管廊模型

　　利用 Dgn 模型的通用性，将不同行业的设计模型综合到一起，进行项目的展示、可视化输出等工作，是综合管廊设计后期重要的一部分。软件可以将综合模型直接输出到 Bentley 渲染软件 LumenRT 进行照片级的渲染。借助 LumenRT 可以快速实现按需进行的动画展示，其中包括周边环境变化的时间展示和按需显示的结构展示（图 4-2-21）。

图 4-2-21　模型总装展示

4.2.2.2 工艺管道设计

对于管廊中的工艺管线部分，特别是燃气、热力等管线，使用 OpenPlant CONNECT Edition 作为快捷的三维管道设计解决方案。OpenPlant CONNECT Edition 是一系列工厂的解决方案，它通过数据信息的交互提高项目团队的协同能力，通过遵循 ISO 15926 标准，应用 I-model 技术，支持多种模型格式（如 DGN、DWG、JT、点云、PDF、实景等应用），为用户提供了灵活的设计和校审过程。OpenPlant CONNECT Edition 适用于任何项目，搭建方式灵活（图 4-2-22）。

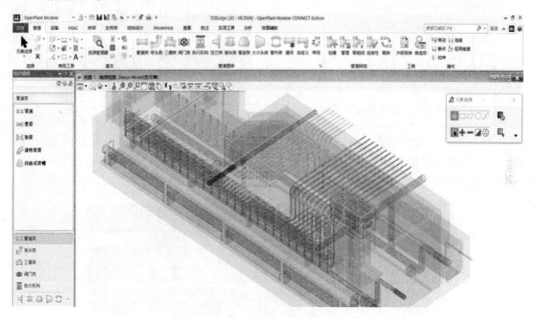

图 4-2-22　模型总装展示

作为 Bentley 全新的工厂设计解决方案，Bentley OpenPlant CONNECT Edition 具有以下功能特点：

（1）支持多个成熟模块如设备、管道、HVAC、电缆桥架、管道支吊架快速地进行智能建模。

（2）输出可定制的平面图、轴测图和材料报表，能满足不同行业、各个环节的设计需求。

（3）每一个模块都具有非常容易使用的、一致的用户界面，使得所需的培训量降到最低。

（4）以最新的 Microstation CE 为基础绘图平台，和 Bentley 其他专业软件完全兼容，可以一同进行碰撞检查并一起抽取施工图。

（5）集成 ProjectWise，支持大规模分布式项目，满足多专业协同操作。

同时，OpenPlant CONNECT Edition 支持元件级管理模式，以"数据为中心"设计、跟踪和管理工厂设计项目工作流程，同时能够实现在云平台上基于项目的元件级管理模式。灵活的离线和在线工作方式，满足设计人员现场和远程工作需要。

1. 工艺管道三维建模（OpenPlant Modeler CONNECT Edition）

图 4-2-23　标准化选择器

（1）全面的工具集合

OpenPlant Modeler CONNECT Edition（以下简称"OpenPlant Modeler CE"）包含丰富的工具集合，其中的管道模块可以支持工艺管道的设计要求。

OpenPlant Modeler CE 管道模块是一个全参数化、基于等级数据库（SPEC）驱动的建模工具。根据工艺流程图预设的标准化选择器（图 4-2-23），规定了管道编号、材料等级、管径等信息，从设计初期就规范了设计人员的操作，提升设计流程中的各个环节。

支持直接绘制管线的方式，也支持中心线布管方式（即先绘制表示管路走向的直线，再赋予直线管道信息，并沿直线放置直管和弯头）。绘制过程相当智能化，能够自动匹配管件（图 4-2-24），转弯处自动匹配弯头，分支处自动连接分支，法兰连接处自动匹配螺栓垫片。

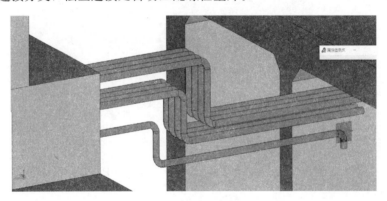

图 4-2-24　自动匹配管件

管线修改极为方便。每个管件的手柄点都有移动、拉伸、旋转的功能，直接拖拽手柄点即可对管件进行操作。对整个管线来说，使用移动功能可以轻松地修改管段的高度、位置，以及整个管线的位置。

针对长输管线，OpenPlant Modeler CE 还带有直管自动打断命令，可以根据预制管段定长来自动分割长距离管线，自动生成焊点（图 4-2-25），有助于下料施工安装。

管线管理器（图 4-2-26）为用户提供了统一的管道操作界面，包括批量修改管线（添加、删除、编辑），修改等级/管径、连接性校验、在模型中高亮、放大所选择的管件，选择管线导出用于应力分析的中间文件，创建 IsoSheet 等。

（2）OpenPlant Modeler CE 的管道模块管件库（图 4-2-27）

支持自定义非标管件。利用 Microstation CE 平台的三维建模功能，可以画出管件外形，或者导入其他软件（比如：AutoCAD、Inventor 等）生成的模型，添加 OpenPlant Modeler CE 管件属性，自定义非参数化管件（图 4-2-28）。也可以通过 C＃编写脚本，扩

图 4-2-25 自动生成焊点

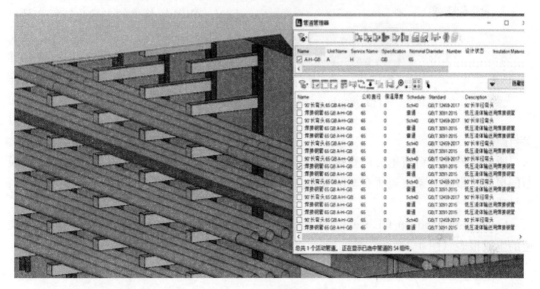

图 4-2-26 管线管理器

图 4-2-27 部分管件类型

充参数化管件。

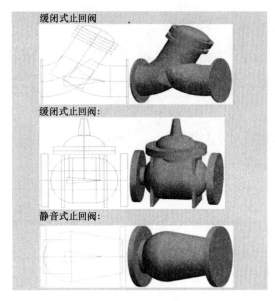

缓闭式止回阀

缓闭式止回阀：

静音式止回阀：

图 4-2-28　自定义管件

交互式的设计检查具有用户自定义检查规则以及校验每个元件的功能，大大增强了对模型元件自动检查的灵活性和准确度。其直观的特性可指导用户按照设计过程中元件类型的有效性或项目的任何要求来决定检查的程序，降低了设计错误和重复工作的可能性，同时在一定程度上保证了协同工作环境的一致性。

OpenPlant Modeler CE 带有 ASME、DIN、AWWA 标准的参数化管件产品目录，同时，OpenPlant Modeler CE 也支持 GB、GD、HG、SH 等国内行业标准库。其管线标准库（Catalog）和等级库（SPEC）也可以自己定义，定义方法简单，即使没有数据库经验的人员也可以参与操作。

所有管件的材料清单可以直接从 OpenPlant Modeler CE 建立的 DGN 文件中生成该模型的报表。报表对象覆盖所有 OpenPlant Modeler CE 建立的对象（设备、管道、HVAC、支吊架等）。

OpenPlant Modeler CE Reporter 操作界面（图 4-2-29）友好，操作简单，可方便快速的生成报表（图 4-2-30）。

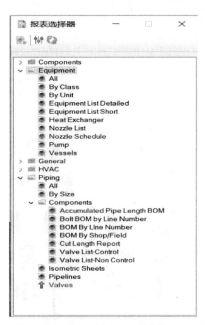

图 4-2-29　OpenPlant Modeler CE Reporter 界面

图 4-2-30 材料报表

强大的制表功能可以制定出符合用户单位规范的各种报表格式。同时生成的报表可直接进行打印输出，也可方便地导出多种交付格式（PDF、XLS、CVS、HTML 等）。

报表样式可以自定义。基于规则的定义对报表的内容和对象范围进行灵活的设定，满足不同用户的需求。

2. 管道轴测图（OpenPlant Isometrics Manager CONNECT Edition）

管道轴测图，是将每条管道按照轴测投影的方法，绘制成以单线表示的管道空视图。在项目设计文件中又称"管道单线图"、"ISO 图"或"管段图"等，在管道安装过程中，管道轴测图便于施工进度的编制、材料的控制、管系的工厂化预制和管道的质量检验检测等，能加快施工进度，保证施工质量以及压力管道的规范管理。

OpenPlant Isometrics Manager（ONNECT Edition（以下简称"OPIM CE"）是一款灵活强大、可以脱离昂贵的三维工厂设计软件独立运行的轴测图软件（图 4-2-31）。

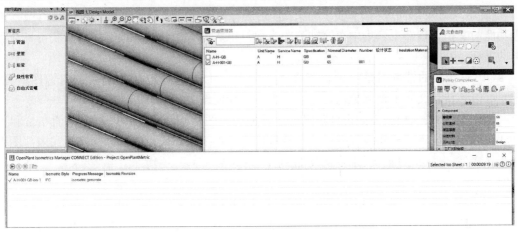

图 4-2-31 OPIM 界面

OPIM CE 独立运行，不依赖于任何三维软件。可由文控人员或是项目组其他成员生成轴测图，使管道工程师的精力集中在设计上。软件提供一个友好的操作界面，根据轴测图定制规则，可以非常方便地从 OpenPlant Modeler CE 中自动链接生成轴测图，同时也支持批量生成图纸，生成的轴测图可以保存成 DGN 或 DWG 格式。

强大易用的轴测图用户定制界面可以为每个项目设置轴测图样式（图 4-2-32），不需要像其他软件一样在转换中间文件和配置轴测图定制文件上花费大量时间。项目可以尽快展开，准确运行，并能迅速实现每位用户的需求。

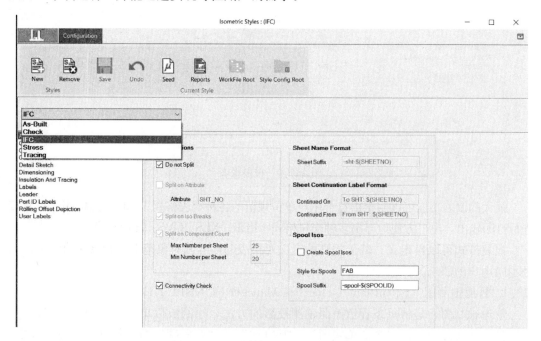

图 4-2-32　不同轴测图样式的定制界面

图面布置和报表可以自定义。使用 Microstation CE 单元命令创建轴测图中的管件符号。自定义的图面属性可用于添加管线属性。材料报表在图中的布置也可以自定义（图 4-2-33）。

OPIM CE 可以通过与 ProjectWise CE 集成，将生成的轴测图直接发布到具有版本管理功能的文档管理器中，集中存储轴测图。项目组成员无论何时何地，都可以获得最新版本的图纸。

OPIM 生成的轴测图是一种智能文档（图 4-2-34），其中包括图形信息和管件信息。用户可以直接从文档中查询数据，无须从工厂设计模型中获取信息。

OPIM CE 可以根据不同设计阶段创建各种轴测图样式，每种样式都有图面布置和设计状态的定制规则，比如竣工图样式、校核样式、施工图样式、应力分析样式和内部图纸提资样式等。生成的轴测图可以发布到 ProjectWise CE 环境下，被全球分布的用户访问。

3. 支吊架设计工具（OpenPlant Support Engineering CONNECT Edition）

OpenPlant Support Engineering CONNECT Edition（以下简称"OPSE CE"）为管道、

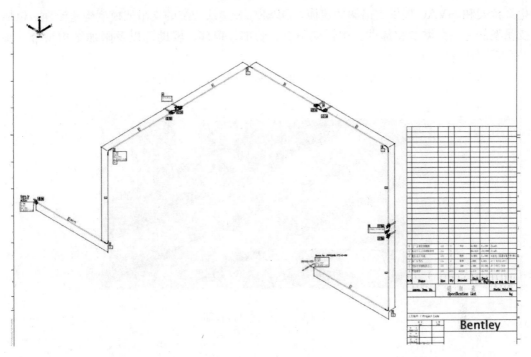

图 4-2-33 出图样式

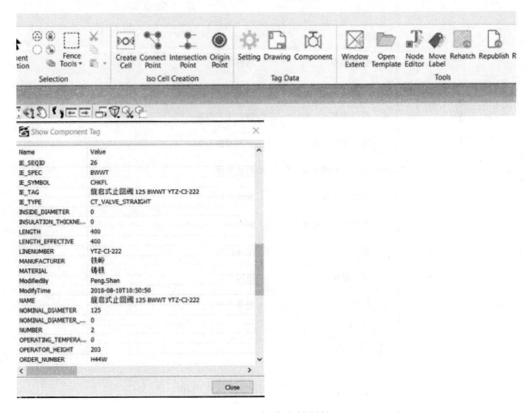

图 4-2-34 智能文档属性

电缆桥架和 HVAC 提供支吊架的建模，OPSE CE 遵从传统的支吊架模型构建流程，包括支吊架的每一个类型和部件、逻辑支吊点、管部、根部、辅助部以及附加结构组合（图4-2-35～图 4-2-38）。

从简单到复杂组合支吊架的快速精准建模，支持可定制的自动出图及材料统计。

图 4-2-35　软件自带管部

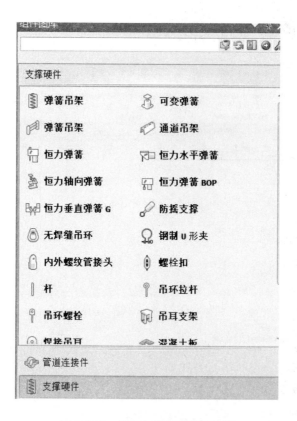

图 4-2-36　软件自带根部及辅助部

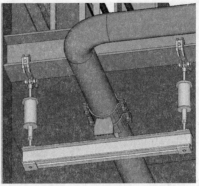

图 4-2-37 软件自带可扩展组合

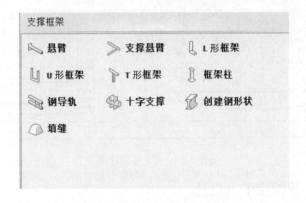

图 4-2-38 软件自带结构组合

支持元件类型的扩展，也可通过脚本编写新的参数化元件及界面图标的自定义，并且可根据选型所放置出的支吊架自动生成支吊架详图及材料报表（图 4-2-39、图 4-2-40）。

图 4-2-39 支吊架三维图

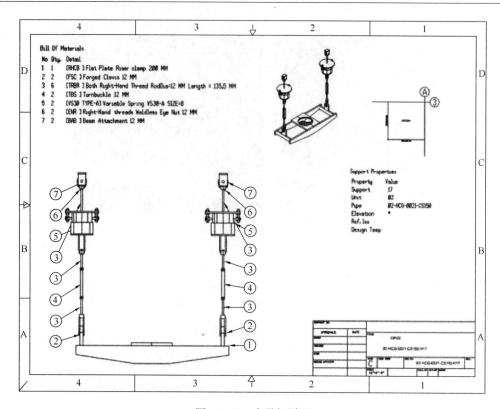

图 4-2-40 支吊架详图

4.2.3 建筑设计及管廊节点设计

AECOsim Building Designer CONNECT Edition 涵盖了四个功能模块，包含建筑设计、结构设计、设备设计以及电气设计，使用者可以采用下拉工作流的方式进行自由切换，同时软件完全基于同一个平台，在进行建筑设计的同时，也可以根据需求切换至其他的专业设计模块进行多专业协同设计，这样的设计使四个专业的设计模块被整合在同一个设计环境中，用同一套标准进行设计（图 4-2-41）。

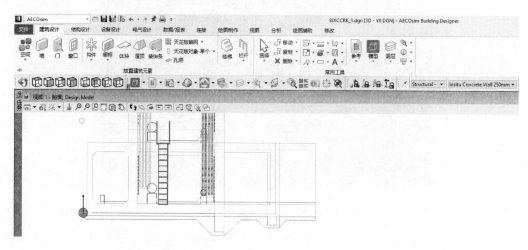

图 4-2-41 AECOsim Building Designer CONNECT Edition 工作界面

AECOsim Building Designer CONNECT Edition 具有如下功能特色：

（1）参数化的模型创建技术

在 AECOsim Building Designer CONNECT Edition 中，各专业最终会形成一个相互参考的多专业的建筑信息模型，而各个专业在形成各自专业模型时，都采用参数化的创建方式。这就大大方便了模型的创建与修改，提高了工作效率。例如，建筑行业的墙体、门窗、楼梯、家具、幕墙等构件都可以采用参数化的创建方式（图 4-2-42～图 4-2-44）。

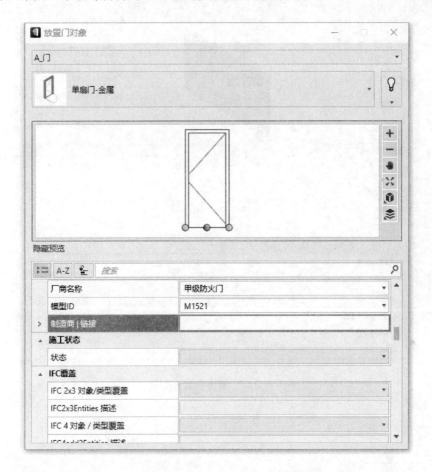

图 4-2-42　门参数化创建

（2）管线综合与碰撞点自动侦测

AECOsim Building Designer CONNECT Edition 致力于解决建筑行业项目中碰撞检查的难点，内置了全新的碰撞检测的模块 Clash Detection，可以在设计过程中，针对专业内部及专业之间进行及时的碰撞检测校验，及时发现设计过程中的问题。

需要注意的是，无论是 AECOsim Building Designer CONNECT Edition 还是 ProStructural，或者是 Bentley Navigator，都内置了碰撞检测的模块 Clash Resolution，这样做的目的是让设计者和校审者都可以利用此工具，而无须脱离当前工作环境（图 4-2-45、图 4-2-46）。

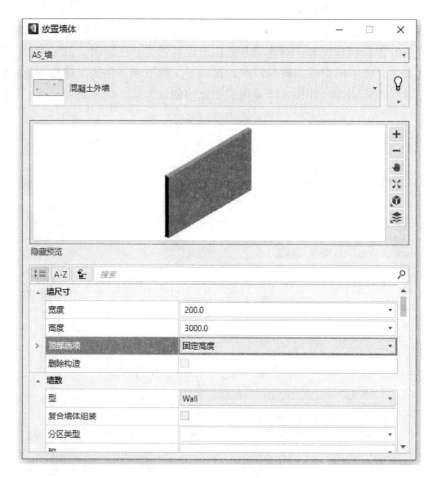

图 4-2-43 墙体参数化创建

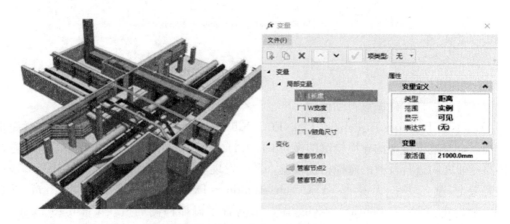

图 4-2-44 参数化节点设计

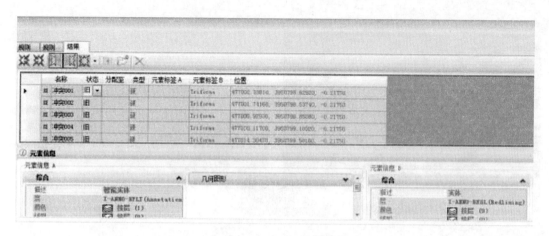

图 4-2-45 碰撞检测对话框

作业名称	状态	冲突数目	开始自				
管线与支墩碰撞	已成功完成	178	2016/5/31 16:25				
父级	名称	作业名称	状态	类型	元素标签 A	元素标签 B	位置
根	冲突001	管线与支墩碰撞	旧	硬	给水管线	支墩	477002.93810, 3950798.62920, -0.21750
根	冲突002	管线与支墩碰撞	旧	硬	给水管线	支墩	477001.74160, 3950798.53740, -0.21750
根	冲突003	管线与支墩碰撞	旧	硬	给水管线	支墩	477005.92930, 3950798.85880, -0.21750
根	冲突004	管线与支墩碰撞	旧	硬	给水管线	支墩	477010.11700, 3950799.18020, -0.21750
根	冲突005	管线与支墩碰撞	旧	硬	给水管线	支墩	477014.30470, 3950799.50160, -0.21750
根	冲突006	管线与支墩碰撞	旧	硬	给水管线	支墩	477018.49240, 3950799.82295, -0.21750
根	冲突007	管线与支墩碰撞	旧	硬	给水管线	支墩	477022.68005, 3950800.14435, -0.21750
根	冲突008	管线与支墩碰撞	旧	硬	给水管线	支墩	477026.86770, 3950800.46570, -0.21750
根	冲突009	管线与支墩碰撞	旧	硬	给水管线	支墩	477031.05540, 3950800.78710, -0.21750
根	冲突010	管线与支墩碰撞	旧	硬	给水管线	支墩	477035.24310, 3950801.10850, -0.21750
根	冲突011	管线与支墩碰撞	旧	硬	给水管线	支墩	477039.43080, 3950801.42990, -0.21750
根	冲突012	管线与支墩碰撞	旧	硬	给水管线	支墩	477043.61850, 3950801.75130, -0.21750
根	冲突013	管线与支墩碰撞	旧	硬	给水管线	支墩	477047.80620, 3950802.07270, -0.21750
根	冲突014	管线与支墩碰撞	旧	硬	给水管线	支墩	477051.99380, 3950802.39405, -0.21750
根	冲突015	管线与支墩碰撞	旧	硬	给水管线	支墩	477056.18150, 3950802.71545, -0.21750
根	冲突016	管线与支墩碰撞	旧	硬	给水管线	支墩	477060.36920, 3950803.03680, -0.21750
根	冲突017	管线与支墩碰撞	旧	硬	给水管线	支墩	477064.55690, 3950803.35820, -0.21750
根	冲突018	管线与支墩碰撞	旧	硬	给水管线	支墩	477068.74460, 3950803.67960, -0.21750
根	冲突019	管线与支墩碰撞	旧	硬	给水管线	支墩	477072.93230, 3950804.00100, -0.21750
根	冲突020	管线与支墩碰撞	旧	硬	给水管线	支墩	477077.12000, 3950804.32240, -0.21750
根	冲突021	管线与支墩碰撞	旧	硬	给水管线	支墩	477081.30760, 3950804.64380, -0.21750
根	冲突022	管线与支墩碰撞	旧	硬	给水管线	支墩	477085.49530, 3950804.96515, -0.21750
根	冲突023	管线与支墩碰撞	旧	硬	给水管线	支墩	477089.68300, 3950805.28650, -0.21750
根	冲突024	管线与支墩碰撞	旧	硬	给水管线	支墩	477093.87070, 3950805.60790, -0.21750
根	冲突025	管线与支墩碰撞	旧	硬	给水管线	支墩	477098.05840, 3950805.92930, -0.21750
根	冲突026	管线与支墩碰撞	旧	硬	给水管线	支墩	477102.24610, 3950806.25070, -0.21750
根	冲突027	管线与支墩碰撞	旧	硬	给水管线	支墩	477106.43380, 3950806.57210, -0.21750
根	冲突028	管线与支墩碰撞	旧	硬	给水管线	支墩	477110.62140, 3950806.89350, -0.21750
根	冲突029	管线与支墩碰撞	旧	硬	给水管线	支墩	477114.80910, 3950807.21485, -0.21750
根	冲突030	管线与支墩碰撞	旧	硬	给水管线	支墩	477118.99680, 3950807.53625, -0.21750
根	冲突031	管线与支墩碰撞	旧	硬	给水管线	支墩	477123.18450, 3950807.85760, -0.21750
根	冲突032	管线与支墩碰撞	旧	硬	给水管线	支墩	477127.37220, 3950808.17900, -0.21750
根	冲突033	管线与支墩碰撞	旧	硬	给水管线	支墩	477131.55990, 3950808.50040, -0.21750

图 4-2-46 碰撞检测报告

（3）交互式全信息 3D 浏览

利用 AECOsim Building Designer CONNECT Edition 优秀的可视化功能，可以对 BIM 模型整体或者建（构）筑物内部场景进行实时自由浏览（图 4-2-47、图 4-2-48），如：

① 相机视角设置、视图保存。

② 消隐、线框、光滑渲染等显示模式下的动态浏览。

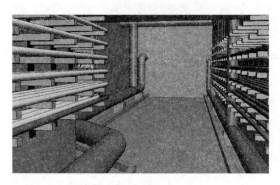
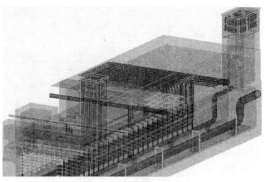

图 4-2-47 端部井内部   图 4-2-48 端部井外部

③ 推进、拉出、旋转、仰视、俯视、平移等视角操作。

④ 行走、飞行漫游。

（4）工程量概预算自动统计

在创建 BIM 模型的过程中，对各个专业的相应构件输入需要的工程属性，这些属性在需要的时候能够被计算机自动抽取，分门别类地进行相应统计和报表归类，将相应的施工量定额标准以编码的形式定制到施工构件上。利用整个 BIM 模型的高仿真特点，后期可对整个模型的施工工程量进行概预算自动统计。在此基础上还可以进一步统计出构件的造价、密度、重量、面积、长度、个数等材料报表信息（图 4-2-49）。

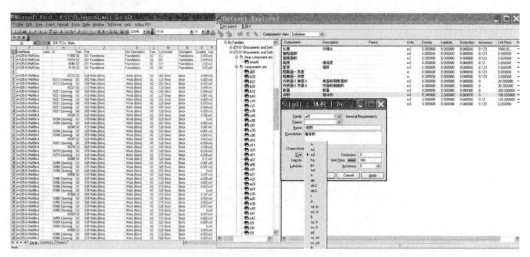

图 4-2-49 统计报表

针对构件输入非图形属性信息，如某个构件属于哪个施工区域、哪栋楼、哪个楼层、哪个单元，该构件来自于哪个供应商。通过程序的二次开发或 Bentley Professional Service 团队的定制服务，用户可以定制更多的非图形信息，以契合项目的需求（图 4-2-50、图 4-2-51）。

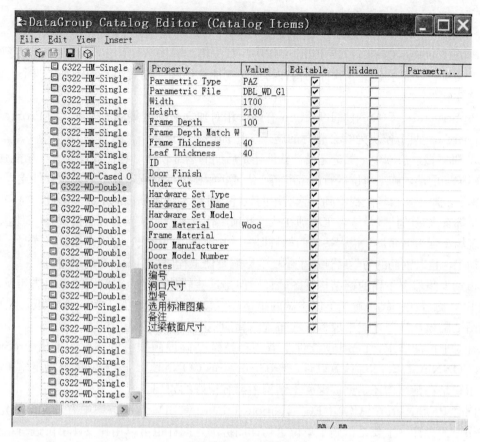

图 4-2-50 添加信息

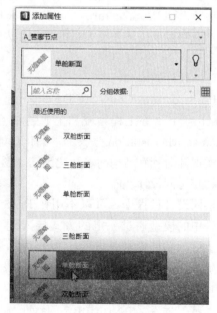

图 4-2-51 添加结构属性

4.2.4 钢结构详图及三维配筋

ProStructures CONNECT Edition 作为一款先进的详图软件，在实际中有着广泛的应用，下文从行业需求分析、软件架构和特点、功能介绍和详细案例、实施方式四个方面来介绍这款软件。

ProStructures CONNECT Edition 有两个相对独立又高度集成的模块，即 ProSteel 和 ProConcrete。两个模块为综合管廊的施工应用提供有力保障。

在 BIM 概念浪潮中，无论是设计软件还是后期的运维软件，种类都较丰富且功能强大。但在施工期前端，施工单位进行施工准备，需要拆解图纸的时候，缺乏优秀的软件支撑。特别是钢筋混凝土，市场上找不到一款实用的软件，能够完成钢筋表的工作。因此，每一个施工单位都有大量的技术员或者工程师在从事这项工作。既费时又费力，而且效果不理想。在施工现场，因为钢筋加工错误造成的材料损失，甚至是工期损失，都难以衡量。同时，钢筋反复加工，也对钢筋的力学特性产生不良的影响，使工程质量暗藏潜在的风险。

市场上虽然有不错的钢结构拆图软件，但是这些软件都是独立使用的，无法和现在流行的 BIM 融合在一起，施工单位能做的事情往往就是从设计单位拿到二维图纸，然后再根据图纸翻模，最后才能生成构件的布置图和加工图，效率较低。

针对上面的需求，Bentley 软件本着为可持续基础设施服务的态度，推出 ProStructures CONNECT Edition 这款软件。ProStructures CONNECT Edition 能够满足施工的需求，不管是在钢结构还是钢筋混凝土结构中都有很好的表现。

同时 ProStructures CONNECT Edition 在 Bentley BIM 解决方案中有着重要的定位。用来做详图设计。主要是给施工单位进行详图拆解，同样也可以用在设计单位进行结构的建模和特殊形体的钢筋布置。

而且，基于 Bentley 强大的平台和管理系统，可以通过 ISM 的中间软件将上游软件中的模型导入到 ProStructures CONNECT Edition，进行钢筋布置或者节点布置，避免二次建模，为使用单位节省了大量的时间和人工。接下来我们就来了解下 ProStructures CONNECT Edition 的一些功能。

（1）软件架构和特点

ProStructures CONNECT Edition 是一款基于 Microstation 平台的主流详图软件，依托 Microstation 在工程领域和工业领域、三维领域的权威性，ProStructures CONNECT Edition 将 Microstation 强大的参数化功能发挥得淋漓尽致，依托于新一代的参数化功能，可以实现针对管廊结构的参数化配筋（图 4-2-52）。

（2）协同设计功能

协同设计过程中，可以不用在 ProStructures CONNECT Edition 中建模，而是将上游软件中的模型通过一定的方式导入到 ProStructures CONNECT Edition，避免二次建模。上游的软件通常是按照工程的实际过程来定义的。一般来说，ProStructures CONNECT Edition 软件的定位是在施工阶段的后期。所以比这个时期早的过程都可以叫作 ProStructures 的上游软件。

通常，导入 ProStructures 的软件有 STAAD（Bentley 一款通用有限元分析软件，主要用来进行结构的力学计算和规范检验）、AECOsim Building Designer CONNECT Edi-

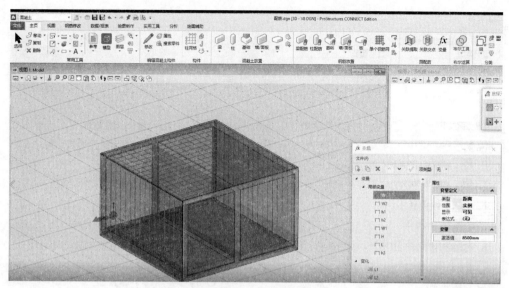

图 4-2-52　参数化建模

tion（Bentley 用于建筑、结构、设备及电气等专业设计的软件）。

4.2.4.1　协同的工具

协同设计工具就是能够满足模型导入导出的工具，即 ISM（结构产品同步器）。ISM 是 Bentley 为了解决 BIM 过程中信息模型在不同阶段的流通问题而开放的一款协同设计工具。ISM 的特点是使用简单，使用范围广泛。能够导入和导出钢结构，也能导入导出混凝土结构。导入和导出过程中信息不会丢失。

ISM 还具有更新的功能。当上游的模型发生变更以后，不需要重新导出模型，下游也不需要导入模型。只需要更新即可。

4.2.4.2　协同的要求

协同设计的要求有三点：

（1）模型的流通应当顺畅，也就是说导入导出过程中，操作简单，不丢失信息。

（2）不同的阶段，应对相同的构件有不同的要求。例如，在力学分析阶段，软件只需要构件的弹性模量即可，规范检验阶段则需要构件的屈服强度，详图阶段需要构件截面的每一个截面尺寸。这些信息应是在不同的阶段载入的。不能够在建模的时候，一起载入。

（3）导出导入原则上只有一次即可。当模型发生改变的时候，只需要对模型进行更新即可。

对于这些协同的要求，ISM 可以满足。所以说 ProStructures CONNECT Edition 能够很好地融入协同设计中，在同类的软件中，是唯一的。

4.2.4.3　ProSteel 的功能和特点

（1）丰富的型钢库

ProSteel 内置了多个国家（诸如中国、美国、日本等）的型钢库（图 4-2-53）。不需要担心型钢库不能满足需求的问题。

同时，系统也有自定义截面的功能，对于有自定义截面的用户，也能够满足其要求。针对钢管廊，软件不仅可以进行主体钢结构的设计，也可以进行丰富的节点设计（图 4-2-54）。

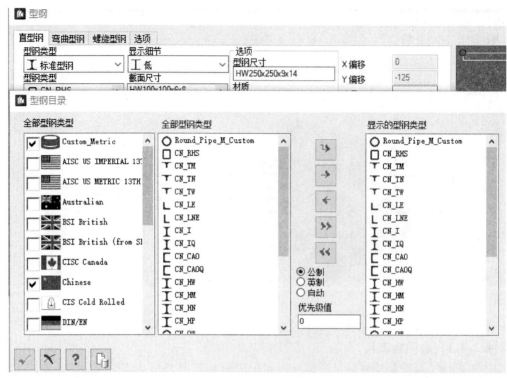

图 4-2-53　型钢库

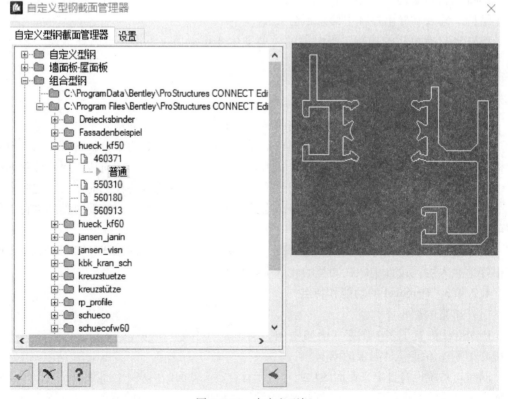

图 4-2-54　自定义型钢

（2）丰富的节点

软件中内置了多个国家的节点库，可以满足需求，而且节点的布置十分方便。针对不同的节点类型，也进行了不同的归类。软件将相同类型的节点放在一个子菜单里面，例如，软件将不同梁柱节点都放置在一个图标下面，方便用户选择（图 4-2-55）。

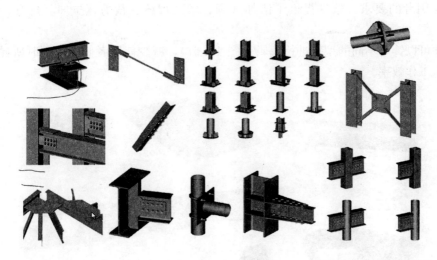

图 4-2-55　丰富的节点

（3）快速的建模功能

ProSteel 中可以方便快速地建模。能够实现这项功能是因为软件在设计过程中，编程者从用户使用的角度出发，尽可能地将软件使用过程简化。同时，也给软件内置了大量的子结构模块。

对于一些相对独立但又不是一个独立构筑物的构件，我们引入了"子结构"的概念（图 4-2-56）。例如楼梯、栏杆等作为一个子结构出现。同时，根据用户的需求，设置了参数化的选项，用户可以根据实际情况填写不同的参数，满足其需求。

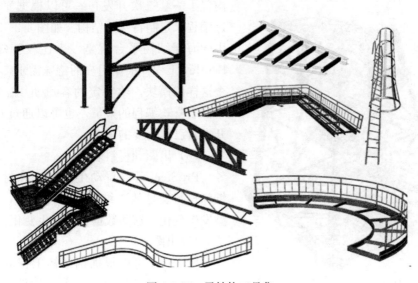

图 4-2-56　子结构工具集

　　ProSteel 方便建模的另一个原因是，基于 Microstation 强大的精确绘图功能，使用者可以方便地在空间中定位，减少辅助线的绘制量，同时可以减小文件的大小。

　　（4）编辑功能

　　ProSteel 模块中有方便使用的编辑功能。这些功能可以对型钢或者结构进行编辑，以达到使用者的要求。软件提供了诸如开洞、增减焊缝、裁剪、拉伸、折弯、相贯等功能。

　　软件可以针对不同的型钢进行编辑（图 4-2-57），减少使用者修改型钢时所耗费的时间，提高工作效率。

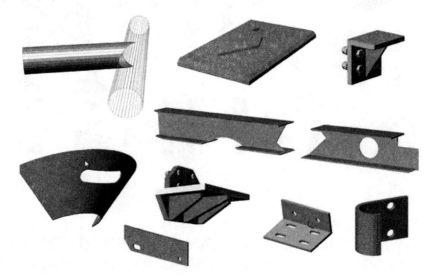

图 4-2-57　编辑各类型钢构件

　　（5）二次开发功能

　　ProSteel 软件虽然没有内置特殊结构的模块，但是预留了二次开发的功能，在软件中

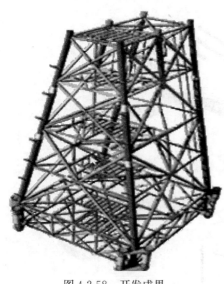

图 4-2-58　开发成果

内置了一套二次开发包。可以根据实际需求通过编程来定制特殊的结构。如图 4-2-58 所示，图中的海洋结构平台就是一个比较特殊的结构。Bentley 工程师根据用户的特殊需求，开发了一个这样的模块，给特定的客户使用。如果使用单位有喜欢编程的人员，也可以通过开发接口，开发自己所需要的东西。

　　（6）出图和材料表

　　ProSteel 可以自动生成图纸和材料表。图纸和材料表是从三维模型中提取的，所以，模型发生变化，这些数据也会发生变化。

　　1）出图

　　ProSteel 可以根据钢结构工程的实际需要生成两种类型的图纸，一种是构件布置图，另外一种是构件加工图。在构件布置图中，可以根据实际的需要定义构件的编号样式，然后系统就会自动地给模型编号，在生成的布置图和加工图中，都会自动地写入编号（图 4-2-59、图 4-2-60）。

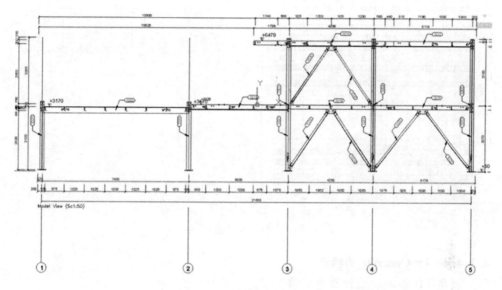

图 4-2-59　构件布置图

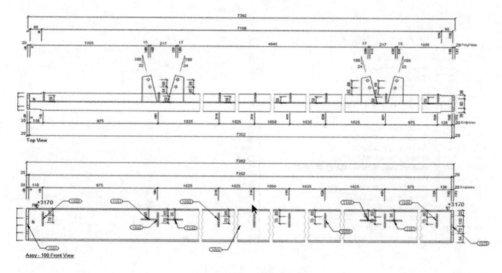

图 4-2-60　构件加工图

2）材料表

软件可以自动生成材料表，并且可以分类统计材料表。如可以单独统计柱、梁等构件或是 H 型钢、螺栓等各种材料的用量（图 4-2-61）。

出材料表时，用户可以根据实际情况，选择自己需要的材料表样式。如果没有合适的样式，可以对表格样式进行简单的编辑即可满足要求。

图 4-2-61　统计报表

4.2.4.4　ProConcrete 的特点

（1）满足中国混凝土设计规范要求

ProConcrete 内置了中国混凝土规范及钢筋规范（图 4-2-62）。

图 4-2-62　规范类别

（2）常规构件的建模与布筋

现在市场上有一些软件也能够实现对柱、梁、板、墙等非异形的常规构件的建模和布置钢筋的功能。但是 ProConcrete 软件针对这些构件的建模，尤其是布置钢筋方面，表现得十分优异（图 4-2-63、图 4-2-64）。

1）对常规构件，软件可以自动拾取构件的截面参数和形状。并且可以通过不同的形状自动选择钢筋的初步布置方式。

2）可以统一定义混凝土保护层的厚度，也可以针对不同的面，对保护层厚度进行单

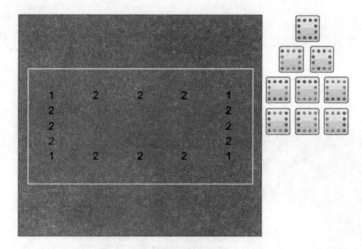

图 4-2-63 钢筋布置

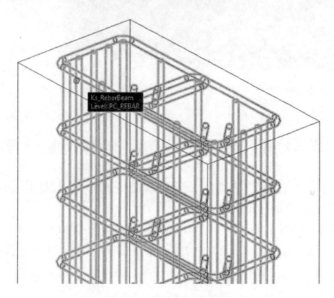

图 4-2-64 钢筋显示样式

独定义。

3）对于同一个构件，可以在不同的位置定义不同型号的钢筋，钢筋的数目可以自由定义。系统可以定义多套箍筋系统。

4）可以保存钢筋参数的布置，以供日后调用，也可复制到别的构件上。

（3）异形构件的建模

对于异形构件，ProStructures CONNECT Edition 可以很方便地建模（图 4-2-65）。基于 Microstation 软件在三维建模中的强大功能，可以方便地绘制出各种各样的三维实体。而且这些实体可以被 Pro Concrete 直接调用，利用程序自带的关联提取可以轻松实现参数化配筋。

（4）异形构件的布置钢筋

ProConcrete 软件可以很方便地对各种异形构件布置钢筋，包括主筋和箍筋。主要有

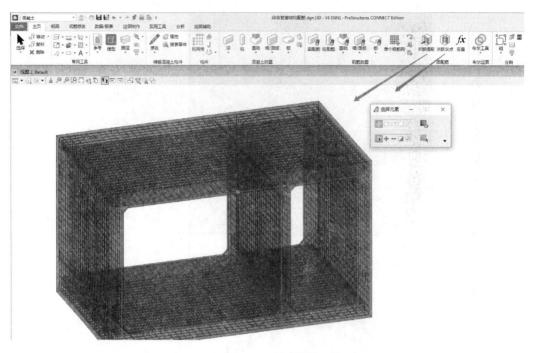

图 4-2-65　异形构件

以下特点：

①　不管布置主筋还是箍筋，对于异形体都可以批量地布置，不需要一根根地布置（图 4-2-66）。

②　钢筋的方向，由导向线来控制。而导向线是根据构件提取的，所以，箍筋和主筋的布置可以按照截面的形状自动调整。

ProConcrete 软件内置了能够满足实际工程需要的弯钩样式（图 4-2-67），包括 45 度弯钩、90 度弯钩、箍筋所用的 135 度弯钩等。常见的直端在软件中也作为一种弯钩样式存在。

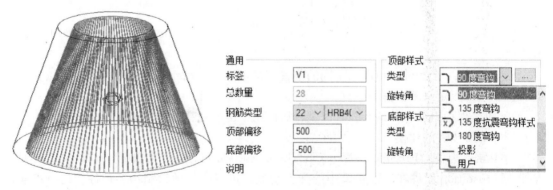

图 4-2-66　不规则布筋　　　　　　　　　　图 4-2-67　丰富的钢筋显示样式

同时，为了满足不同的弯钩长度以及抗震对弯钩长度、弯钩直径不同的需求，对于每一种弯钩，都可以修改弯钩的参数。并且，可以将弯钩参数保存为一个模板，以供后续调用（图 4-2-68）。

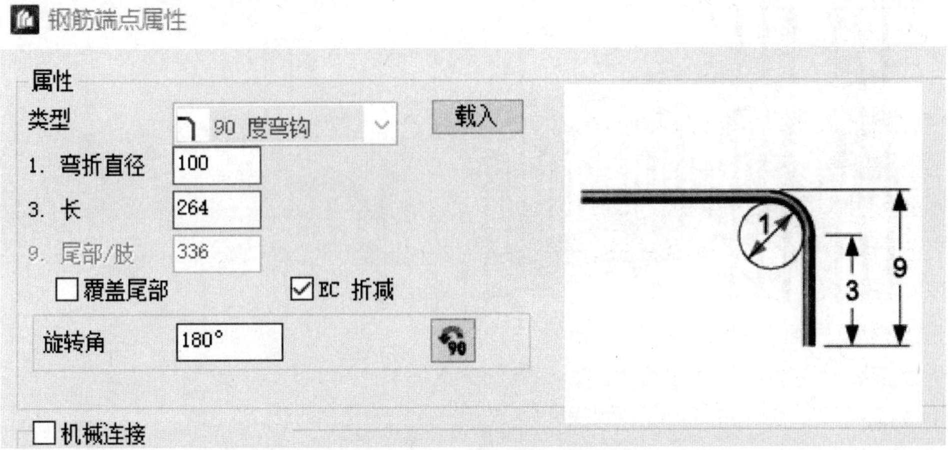

钢筋端点属性

属性

类型　　　　　90 度弯钩　　　　　载入

1. 弯折直径　100

3. 长　　　264

9. 尾部/肢　　336

□覆盖尾部　　　☑EC 折减

旋转角　　180°

□机械连接

图 4-2-68　弯钩折弯类型

（5）丰富的显示模式

在一个模型中，钢筋的体量非常大，相当一部分钢筋都是螺纹钢。因此，如果所有的钢筋都要显示出来，会很占机器的内存。

为了解决这个问题，ProConcrete 提供了两种解决方案。

第一种，对于不同的构件，可以采用 display class 或者 area class 的命令将其归类，统一归类以后，设置这一类型的构件是否显示（图 4-2-69）。在使用过程中，可以将暂时不需要的构件关闭显示。

第二种，对于必须显示的钢筋，系统提供了集中显示模式。有草图模式、单线模式、逼真模式等不同的显示方式。使用者可以根据需要，选择不同的样式（图 4-2-70）。

（6）钢筋编辑和修改工具

软件为用户提供一组完整的钢筋修改和编辑工具，使用户可以很方便简洁地对钢筋进行编辑和修改（图 4-2-71）。

图 4-2-69　按类别显示

针对综合管廊，ProConcrete 可以很高效地对管廊内的钢筋进行参数化布置（图 4-2-72），并将材料数量表统计出来，以达到施工图深度。

（7）材料统计和材料表

Pro Concrete 能够根据不同的要求统计不同的混凝土体积，也可以根据不同的要求统计钢筋的重量。可以按照不同的类别统计钢筋的长度和重量。也可以统计出每一根钢筋的编号、型号及其长度和重量。

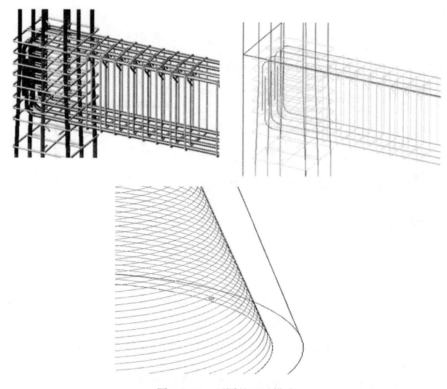

图 4-2-70 不同的显示模式

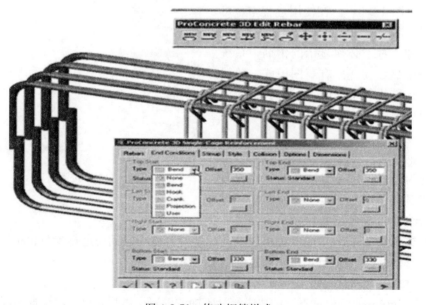

图 4-2-71 修改钢筋样式

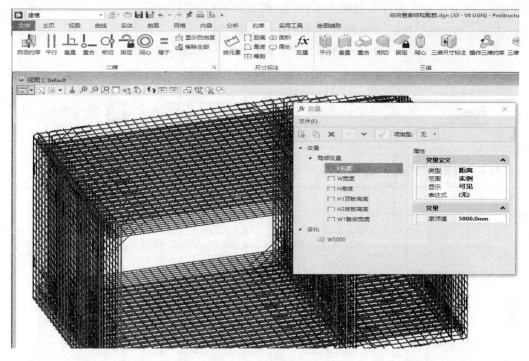

图 4-2-72　参数化配筋

对于不同的材料，可以选择不同的表格样式，满足不同的需求（图 4-2-73）。若没有合适的表格，用户可以对表格进行简单的编辑。

图 4-2-73　生成料表

对于施工单位，存在两种不同的预算，施工图预算和施工预算。前者，用于招投标，计算相对简略（相对于施工预算）。在施工图预算中，混凝土构件对于混凝土体积的计算不需要扣减钢筋体积。施工预算则要精确得多。在施工预算中，需要精确计算每一种材料的用量。计算混凝土构件中混凝土体积时，需要扣减掉钢筋体积。

ProConcrete 软件能够精确地实现这两种功能。

ProConcrete 可以自动生成钢筋表，用来指导施工现场的钢筋加工（图 4-2-74）。

订单名称: 007-008	甲方单位: Bentley			ProStructures CONNECT Edition
项目名称: Training Project	项目号: 2008-001	表格名称: Platform	索引:	
	设计人签字: JB	日期时间: 6.9.2018 20:13 h		

钢筋编码	数量	钢筋等级	钢筋直径	单根长度	类型	钢筋草图(标注尺寸)	起端弯钩样式	钢筋草图(标注变量)	A, E	B, F	C, G	D, H	R, O	终端弯钩样式	总重
20A10	25	生	20	27060.0	12			4920.0	190.0	8420.0 190.0	4920.0	8420.0			1,668
18A11	102	生	18	8680.0	37				280.0	8120.0	280.0				1,425
16A12	52	生	16	5375.0	37				280.0	4815.0	280.0				252
18A13	52	生	18	5380.0	37				280.0	4820.0	280.0				450
16A14	23	生	16	5200.0	37				100.0	5000.0	100.0				106
18A15	168	生	18	5000.0	1	(5000)		(A)	5000.0						1,352
16A16	119	生	16	5000.0	1	(5000)		(A)	5000.0						536
16A17	72	生	16	1930.0	14					325.0	1280.0	325.0			125
16A18	72	生	16	1680.0	14					325.0	1030.0	325.0			109

[illegible]	[illegible] 685	[illegible] 6 026

图 4-2-74 生成表单

4.2.5 电力电缆管线敷设

4.2.5.1 电缆敷设模块特点

目前综合管廊中的电缆设计主要使用传统的二维方式，由设计人员在二维图纸中进行电缆通道布置以及电缆敷设，并绘制相应的电缆敷设图纸，手动统计报表及电缆材料。这种设计方式存在设计效率低下，无法与其他专业进行碰撞检查，手工统计材料与实际施工所需材料存在误差，无法与建筑、结构等专业信息模型进行整合等不足，因此建立基于BIM的建筑电气设计成为亟待解决的问题。

Bentley Raceway and Cable Management（以下简称"BRCM"）是一款以SQL Server数据库为核心的软件，软件提供集成的三维电缆路径布置系统、支吊架布置系统、设备布置系统，并可实现电缆敷设、二维出图和材料统计等功能。

该软件具有如下特点：

（1）以数据库为核心，可实现电缆系统的协同设计

使用BRCM软件设计以项目为单位进行，所有的操作都通过项目管理器，每一步的操作都可以受控，只有依据权限解锁后才可以进行相应的设计操作，可以满足多人同时完成一个电缆系统设计的需求。

（2）内嵌多个软件接口，可以与前软件系统共享数据

电缆敷设需要三部分输入数据。第一部分是电缆桥架的位置信息，这部分信息是在BRCM里面定义的，BRCM提供了极方便的参数化建模工具，可以快速、简捷地完成单层或多层桥架的创建；也可以从其他三维软件系统中导入桥架信息。第二部分是设备信息，包括设备编码及位置信息，这部分信息可以在BRCM里面产生，也可以通过软件数据接口导入，如果使用BRCM布置设备，软件自带参数化设备建模功能，可以快速地布置屏柜、设备模型等，如果导入设备信息，则可以是Bentley的Substation、PlantSpace、OpenPlant CONNECT Edition等软件的设计图纸，也可以是其他主流三维软件设计图纸，如PDMicrostation等。第三部分是电缆的连接信息，包括电缆型号、始终端设备信息等，这部分信息的导入，可以采用Excel文件格式，可以在其他设计软件中生成，也可以手动编辑产生。

（3）三维参数化的桥架设计功能，可以快速完成桥架系统的设计

三维的桥架设计技术可以更直观、更方便地帮助工程师完成桥架系统的设计，BRCM软件采用的是参数化的设计方式。设计时，选定桥架型号，依次确定桥架的轴线位置，即可完成三维桥架设计。也可以先设计完成桥架轴线，最后选择桥架型号，执行生成桥架命令，软件可以自动生成相应的三维桥架系统。软件还可以同时布置多层桥架，只需在布置前设置好多层桥架的间隔信息，即可同时把多层桥架布置出来。对于水平转弯及垂直连接的过渡位置，软件会自动地连接部件。对于生成分支回路的三通、四通等零部件，设计时，可从部件库中选取，而后布置到图纸上。软件还具有灵活方便的修改功能，可以快速地增加、删除分支回路，可以批量改变桥架截面（图4-2-75）。

（4）参数化的设备布置功能，可满足辅助厂房等小型电缆桥架系统的设计

软件内置了参数化的设备建模、布置功能，可以满足辅助厂房等小区域范围内的桥架系统设计及电缆敷设设计。在布置屏柜等设备时，可以随时修改屏柜尺寸参数，定义屏柜编号及接线点信息，快速方便地完成设备的布置设计（图4-2-76）。

（5）内嵌多种敷设规则，具有自动敷设和强制敷设功能

在进行电缆敷设时，内置了多种敷设规则，完全满足电缆敷设设计的需求（图4-2-77）。

电压匹配原则：桥架带有电压属性信息（动力、控制、弱电），电缆也带有电压属性信息，这样，在敷设时就可以按照电压等级进行自动敷设，而不会造成电压不匹配的问题。

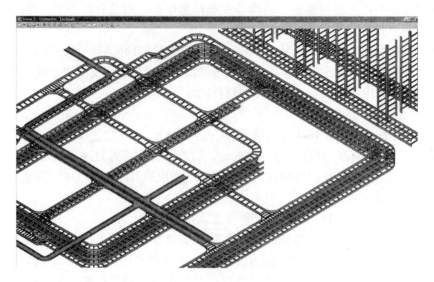

图 4-2-75 三维桥架系统图

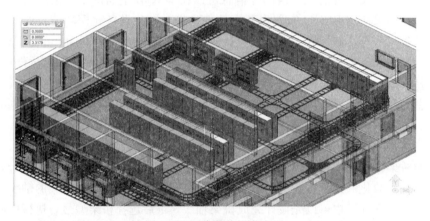

图 4-2-76 参数化设备布置

RECNO	CABLENO	CABLETYPE	FROM_ID	FR FROM_LOC	TO_ID	TC TO_
1	LV.PLV1.001	LV Cable 0,6/1kV 3x240/120 PVC/PVC	PLV1-X1	Control House	CPMV1-X20	Swit
2	LV.PLV1.002	LV Cable 0,6/1kV 3x120/70 PVC/PVC	PLV1-X1	Control House	CPMV1-X21	Swit
3	LV.PLV2.001	LV Cable 0,6/1kV 3x240/120 PVC/PVC	PLV2-X2	Control House	CPMV2-X20	Swit
4	LV.PLV2.002	LV Cable 0,6/1kV 3x120/70 PVC/PVC	PLV2-X2	Control House	CPMV2-X25	Swit
5	LV.PLV3.001	LV Cable 0,6/1kV 3x240/120 PVC/PVC	PLV3-X10	Control House	CPMV3-X20	Swit
6	LV.PLV3.002	LV Cable 0,6/1kV 3x120/70 PVC/PVC	PLV3-X15	Control House	CPMV3-X25	Swit
7	LV.PLV5.100	LV Cable 0,6/1kV 3x10 PVC/PVC	PLV5-X100	Control House	CPLV50-X1	Swit
8	LV.PLV5.101	LV Cable 0,6/1kV 3x2,5 PVC/PVC	PLV5-X101	Control House	CPLV50-X2	Swit
9	LV.PLV5.105	LV Cable 0,6/1kV 3x2,5 PVC/PVC	PLV5-X105	Control House	CPLV50-X5	Swit
10	LV.PLV5.108	LV Cable 0,6/1kV 3x1,5 PVC/PVC	PLV5-X108	Control House	CPLV50-X5	Swit
11	LV.PLV6.001	LV Cable 0,6/1kV 3x10 PVC/PVC	PLV6-X103	Control House	CPLV55-X1	Swit
12	LV.PLV6.002	LV Cable 0,6/1kV 3x6 PVC/PVC	PLV6-X110	Control House	CPLV55-X3	Swit
13	LV.PLV6.003	LV Cable 0,6/1kV 3x10 PVC/PVC	PLV6-X109	Control House	CPLV60-X1	Swit

图 4-2-77 电缆敷设

容积率原则：可以批量地为桥架设定允许的容积率，在敷设时，如果超过容积率的限定，会自动选择其他的敷设路径。

最短走线原则：最底层的敷设规则。在满足上两种规则的前提下，自动计算电缆的最短走线路径，并自动计算出电缆长度和所经过的桥架编号，指导施工。

强制走线：当完成自动敷设后，对于特殊的电缆，可能出于某种需求，要求能够按特定的路径进行敷设，这时，就可以使用强制走线功能，选定电缆的路径。

（6）基于标准电缆选型表，可以实现电缆选型校验功能

该功能基于一个电缆选型表，依据电缆的敷设情况、传输功率、长度信息，自动校验初选的电缆型号。如果不满足，给出提示，确认后即可选择出符合要求的型号，用户也可以手动调整电缆型号。

（7）可以快速生成二维桥架断面图纸

敷设设计完成后，所有的信息都保存于数据库中，可以使用 2D 图纸生成所需断面的断面图，操作简单方便。只需要定义断面位置，即可获得相应断面图，包括该断面的电缆信息（图 4-2-78）。

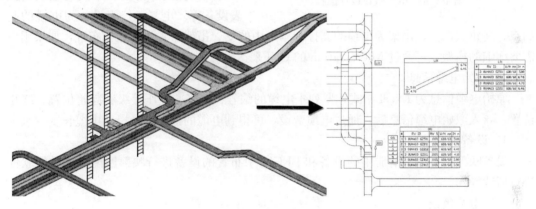

图 4-2-78　依据三维设计生成二维图纸

（8）可以自动生成电缆清册及桥架系统材料表

使用报表生成器可以快速地生成所需报表，包括电缆信息报表及桥架信息报表（图 4-2-79）。报表可以导出为 Excel 格式文件。

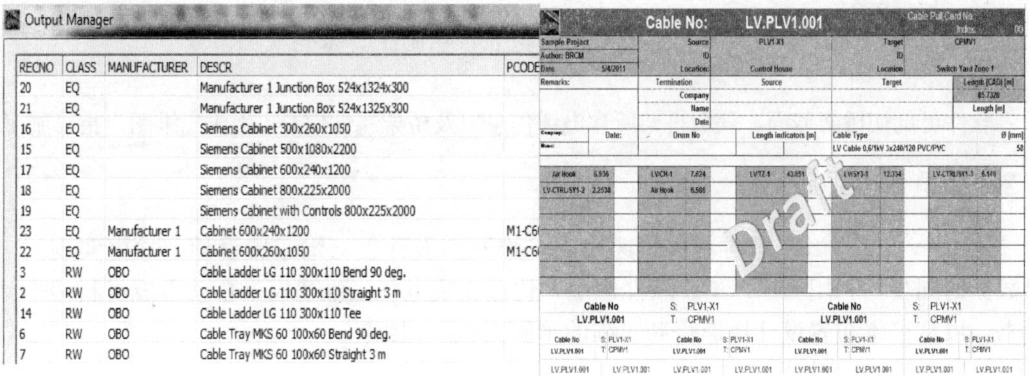

图 4-2-79　统计报表

4.2.5.2　电缆敷设三维设计流程

软件可以定义综合的桥架参数，放置电气设备，导入电缆和设备列表。软件通过读取电缆清册的逻辑信息，结合平面设备布置及路径，自动进行电缆优化敷设，精确统计电缆长度。电缆敷设后，可以生成电缆清册、采购清单等报表，统计电缆长度以及总长，统计桥架规格、长度。最后可从模型提取各种施工图（图 8-4-80）。

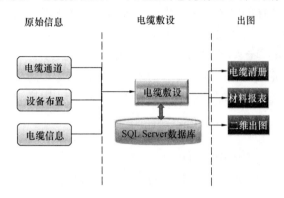

图 4-2-80　电缆敷设设计流程

（1）输入原始信息

1）布置电缆通道

电缆通道是定位电缆安装位置的必要条件之一，电缆敷设前必须先布置电缆通道，通常电缆通道包括桥架、埋管、电缆沟等。

2）布置设备

设备分支、吊架和不同的电气、仪表设备等。电气、仪表设备为电缆的起始点、终止点，支、吊架为电缆的支撑，本书中的支、吊架布置为参数化布置，如果用户需要详细的模型，可通过 Microstation 的 Cell 来达成。

3）原始电缆信息

原始电缆信息为 Excel 格式，罗列了电缆的编号、规格、电压等级、起始位置、终止位置。导入原始电缆信息后，通过电缆敷设，可得到电缆的敷设路径以及电缆长度。

4）设备映射

设备映射指对电缆清册中的设备和 BRCM 中布置的设备进行映射匹配，提供给软件进行后续操作。

（2）电缆敷设

软件提供自动电缆敷设和强制电缆敷设两种敷设方式，用户还可调整敷设规则。用户布置电缆通道、电缆起始终止设备后，导入原始电缆信息，并进行设备映射后，方可进行电缆敷设，计算电缆长度，获取电缆敷设路径。

（3）成果输出

1）统计报表

软件可自动统计采购清单、电缆清册等报表，供施工、采购使用。

2）二维出图

软件可剖切桥架截面，获取桥架所含电缆信息以及桥架属性信息，生成二维图，指导施工。

4.2.6　电气专业设计

Bentley Substation 软件可以快速完成二维原理设计、三维布置设计，并可实现二三维数据的同步，利用 OPE CCK 软件模块，快速完成电气三维建模，自动生成材料表和计算书，可从三维布置设计快速得到二维的平断面施工图纸。

（1）主接线图设计

使用主接线模块，采用典型图方式快速地创建原理接线图，典型图库可以随时进行扩充，也可以按照不同电压等级下的进出线回路分别进行设计。设计信息自动保存在项目数据库中（图4-2-81）。

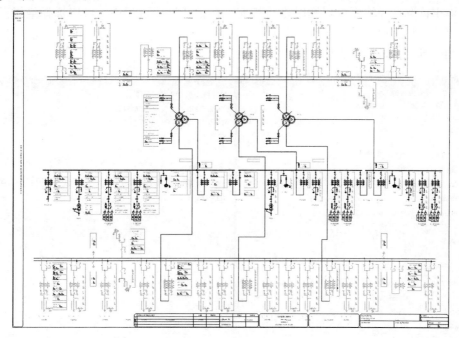

图 4-2-81　主接线图

（2）设备布置

在进行三维设备布置时，设备布置模块自动从项目数据库中获取设备清单，以列表形式显示，方便工程师选取。二维原理图的设备参数和三维布置图的参数可以实时共享，并可以相互导航。若二维原理图发生更改，通过刷新数据库信息，三维布置图可以自动进行更改（图4-2-82）。

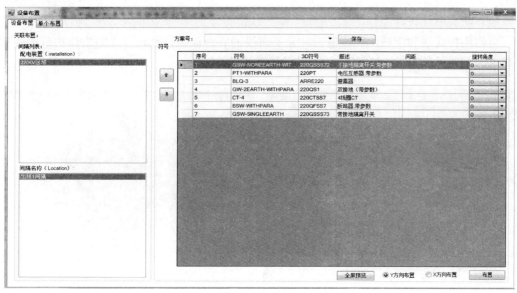

图 4-2-82　设备布置

（3）三维导线建模

使用三维导线设计模块，方便地进行三维软导线和硬导线（母排）设计。导线的选型从型号库中读取，导线库可以随时进行扩充。在设计导线过程中，可以选择绝缘子和金具，从而快速高效地完成设计。导线设计完成后，通过报表生成器，可以自动统计导线、绝缘子和金具的数量，生成材料表（图 4-2-83）。

图 4-2-83　导线建模

使用导线拉力计算模块进行导线及架构的受力分析，生成导线安装报表，指导施工。

（4）防雷系统设计

可使用折线法和滚球法完成避雷针及避雷线的联合保护计算，生成防雷保护范围图和计算书，在三维的界面上方便地查看设计成果（图 4-2-84）。

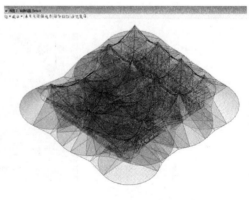

图 4-2-84　防雷设计

（5）接地系统设计

接地系统设计模块可以快速方便地完成接地网、接地线、接地井、集中接地装置的布置；完成电力行业标准的接地电阻、跨步电压、接触电压的计算；生成接地材料表；自动生成三维接地布置图，与其他专业进行碰撞检查。

（6）碰撞检查的校验（图 4-2-85）

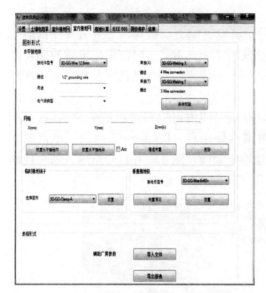

图 4-2-85　检查校验

（7）断面图生成

可以快速地获得间隔的平面图、断面图；批量地对设备进行标注；自动生成材料表；快速完成设备定位尺寸标注、标高标注及安全净距标注，快速地完成间隔平面图、断面图图纸设计。

（8）站用电设计

站用设计模块可以读取 Excel 格式的站用负荷表，进行负荷统计，依据标准设备选型表可完成设备选型，依据出图模板可自动生成接线图及电缆清册（图 4-2-86）。

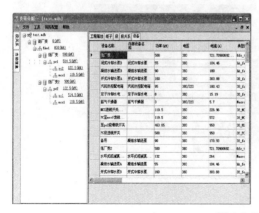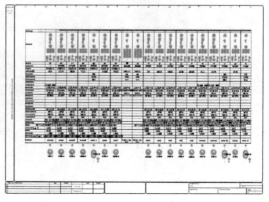

图 4-2-86　电缆清册

4.3　BIM 3D 可视化

通过前述方案，我们不仅解决了综合管廊的一体化设计难题，而且实现了综合管廊内外的管线交接。这些都需要用一款强大的软件展现出来，不仅能够展示 Bentley 企业的亮点，也能够实现增值的目的。

凭借 LumenRT，运用生物和自然环境，可使模型更加生动逼真，产生引人注目的视觉效果。无论是否有技术经验，用户都可以轻松使用 LumenRT 实时渲染出电影质感，创建模型动画并融入数字特性，无缝集成 CAD 和 GIS 工作流，并与其他利益相关者和客户分享设计成果。

LumenRT 具有高效的实时动态渲染能力，在短时间内可以布置出炫酷的场景，LumenRT 的基本原则是简单、快速、高效。针对国内外用户，LumenRT 提供了丰富的人物、植物等模型库，方便用户布置场景及高效地输出动画及图片，并且完全融入新一代的实景建模模型，使用户的设计成果得到质的提升（图 4-3-1）。

图 4-3-1　实景结合

通过以上的模型整合，用户可以更加清晰地完成自己的场景布置。LumenRT 不仅可以渲染室外场景，同时也可以渲染室内布景，针对管廊项目我们不仅需要渲染管廊外部的市政道路，也需要渲染给水排水管网等廊内管道，这些都可以通过 LumenRT 高效地完成场景的布置（图 4-3-2）。

图 4-3-2　综合管廊效果

4.4　ProjectWise 协同设计流程

以 Bentley ProjectWise 为核心建立项目信息管理中心和协同工作环境，在确保信息唯一性、安全性和可控制性的前提下，实现设计信息方便、准确、迅速的传递。同时，依托 ProjectWise Navigator 模块实现可视化校审。

ProjectWise 作为企业和项目协同工作的管理平台，它对贯穿于项目生命周期中的所有信息进行集中、有效的管理，使散布在不同区域甚至不同国家的项目团队能够在一个集中统一的环境下工作，并通过良好的安全访问机制，使项目成员随时获取所需的项目信息，进而能够进一步明确项目成员的责任，提升项目团队的工作效率及生产力。借助这个管理平台，不仅可以将项目中所创造和累积的知识加以分类、储存并供项目团队分享，而且可以作为以后企业进行知识管理的基础。

ProjectWise 包含多个产品模块，具有灵活扩展的体系架构，提供了良好的可伸缩性，可以根据用户的实际项目需求，实现快速地实施和定制，满足从工作组到全球协作的各种规模的项目和组织单位的应用需求。图 4-4-1 为 ProjectWise 各服务器的架构示意。

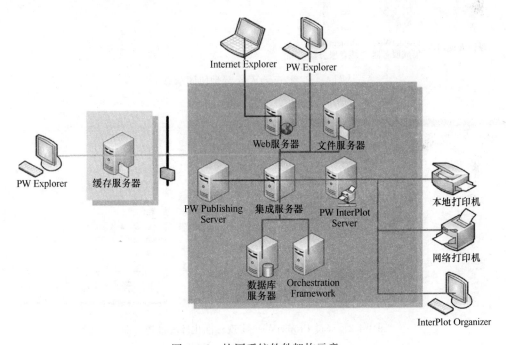

图 4-4-1　协同系统软件架构示意

其中：

（1）ProjectWise Integration Server 为协同平台的核心服务。

（2）ProjectWise Caching Server 为异地分布式协同设计缓冲服务。

（3）ProjectWise Web Server 使用户通过 IE 浏览器访问协同系统。

（4）ProjectWise User Synchronization Server 将 Windows 域用户集成到协同系统用户列表中，以方便单点登录。

（5）ProjectWise Distribution Server 能将图纸通过 IE 浏览器发布。

（6）ProjectWise Indexing Server 则可对文件系统进行索引，以提高文档检索的效率。

通过 ProjectWise Caching Server 能够迅速实现异地、小带宽条件下的实时协同，有利于建立院本部与工点间的协同环境。而且，通过 ProjectWise 还可以实现标准化环境的推送，便于企业迅速实现三维协同标准化（图 4-4-2、图 4-4-3）。

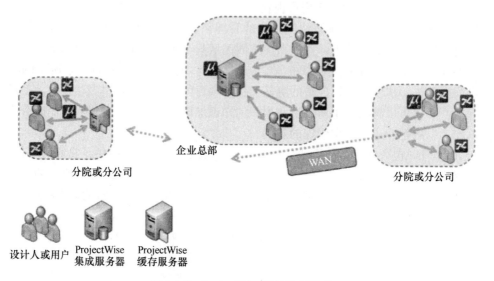

图 4-4-2 ProjectWise 异地协同示意

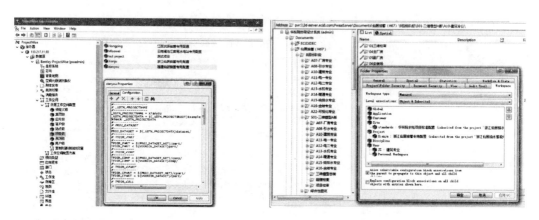

图 4-4-3 通过 ProjectWise 实现标准化环境推送界面

对于任何工程项目而言，都会有许多部门和单位在不同的阶段以不同的参与程度参与到其中，包括业主、设计单位、施工承包单位、监理公司、供应商等。目前各参与方在项目进行过程中往往采用传统的点对点沟通方式，不仅增大了开销，提高了成本，而且也无法保证沟通信息内容的及时性和准确性。

协同设计软件把项目周期中各个参与方集成在一个统一的工作平台上，改变了传统的分散的交流模式，实现了信息的集中存储与访问，从而缩短了项目的周期，增强了信息的准确性和及时性，提高了各参与方协同工作的效率（图 4-4-4）。

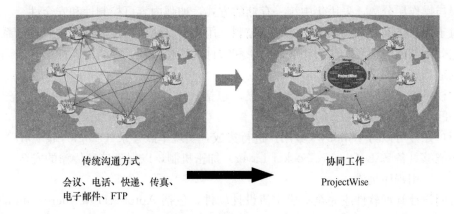

传统沟通方式

会议、电话、快递、传真、
电子邮件、FTP

协同工作

ProjectWise

图 4-4-4　传统协作模式到 ProjectWise 协作模式的转变

所有项目的图纸文档按照规范的目录结构管理，并且可以实现按项目和按科室两种管理方式的结构映射，方便项目资料的发布和各专业、部门之间的设计配合，用户可以对整个工程进行认识和理解，建立完整的工程概念；管理人员可以及时了解项目的进展，控制项目进度。

4.4.1　管理各种工程相关的文件内容

目前工程领域内使用的软件众多，产生了各种格式的文件，这些文件之间存在复杂的关联关系，这些关系也是动态发生变化的，对这些工程内容的管理已经超越了普通的文档管理系统的范畴。

协同设计管理软件需要具有标准的文档管理功能，包括：

（1）检入、检出的访问控制机制。

（2）版本管理，并可追踪文件的历史版本。

（3）提供文件查看器，方便使用者在不需要安装特定应用程序的情况下，随时浏览各种文件的内容。

（4）具有 CAD 图档批注工具。

（5）能够提供查询工具，支持全文检索。

（6）完整的内容访问历史记录，包括用户名称、操作动作、操作时间以及用户附加的注释信息，满足 ISO 9001 设计过程管理的要求。

（7）具有批量导入、导出的功能，方便使用者操作大量文件。

（8）能够良好地控制工程设计文件之间的关联关系，并自动维护这些关系的变化，减少设计人员的工作量。

管理的主要文件内容包括：

（1）工程图纸文件：DGN、DWG、光栅影像。

（2）工程管理文件：设计标准、项目规范、进度信息、各类报表和日志。

（3）工程资源文件：各种模板、专业的单元库、字体库、计算书。

4.4.2　安全访问控制

工程项目参与方众多，保证信息内容的安全存储和访问至关重要。协同管理软件应把数据层与操作层分离，采用集中统一存储的方式，加强内容可控制性和安全性。

对于用户访问，采用多种方式进行控制。用户需要使用用户名称和密码登录系统，按照预先分配的读写权限，访问相应的目录和文件，这样保证了适当的人能够在适当的时间访问到适当信息的适当版本。

授权机制应同时适用于文件和文件夹，包括只读、修改、可更改许可权、完全控制、无权访问等多种访问权限。

用户账号可以与 Windows 域用户进行集成，实现单点登录（Single SignOn）。系统信息传输能够具备 SSL（Secure Socket Layer）加密机制，以保障信息传输的安全。

（1）应用程序集成

协同设计管理软件应完全集成主流设计软件，包括 AutoCAD 和 Microstation 等，这些集成可允许用户在设计软件中直接访问和读写协同软件中的文件。

在 ProjectWise 中，通过预先建立的集成关系，用户直接在系统中双击文件，就可以打开相应程序进行编辑；保存关闭后，系统会自动提示将文件检入，不需要再重新手动拖放传输。除此之外，ProjectWise 还可以完全深度集成基于 MicroStation 平台的三维软件产品，同时对 AutoCAD、Revit 和其他 AEC 行业的应用软件（例如天正、探索者）也提供了良好的集成支持（图 4-4-5）。

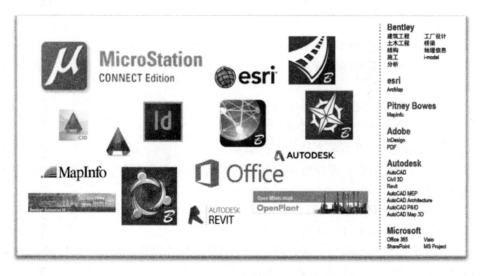

图 4-4-5　ProjectWise 与应用程序的深度集成

（2）工程内容目录结构映射

目前工程项目中对工程内容管理的组织有多种方式，通常可以按照项目或者行政科室进行管理（图 4-4-6）。但是在实际项目进行过程中，单一的文件组织管理方式往往带来诸多问题。

协同设计管理软件应提供目录结构映射的功能，可以首先按照某种方式建立目录结构，这种方式建立的目录是物理存在的；然后按照另一种方式建立映射关系，这种方式建立的目录是逻辑映射。这样就把所管理的工程内容按照项目和按照行政科室两种管理方式展现出来，而其中的文件内容是唯一的。

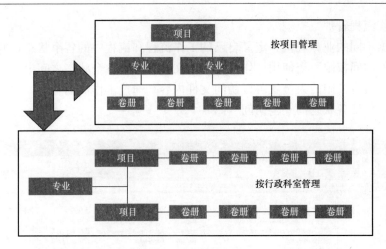

图 4-4-6　组织方式

（3）强大的查询搜索工具

工程项目内容繁多，格式复杂，使用人员日常工作中大量的时间都用在了内容查找上。通过协同管理软件，可以根据多种方式进行内容的查询，如文档的基本属性，包括名称、时间、创建人、文件格式等，还可以基于项目情况，自定义一些文档属性，并根据这些自定义属性进行查询；同时也支持全文检索的方式以及工程组件索引；经常使用的查询还可以进行保存，保存的是查询的条件而不是静态的结果，保证了查询实时的更新（图 4-4-7）。

图 4-4-7　ProjectWise 搜索功能

（4）工作流程管理

可以根据不同的业务规范，定义自己的工作流程和流程中的各个状态，并且赋予用户在各个状态的访问权限。当使用工作流程时，文件可以在各个状态之间串行流动到某个状态，在此状态具有权限的人员就可以访问文件内容。通过工作流的管理，可以更加规范设计工作流程，保证各状态的安全访问（图 4-4-8）。

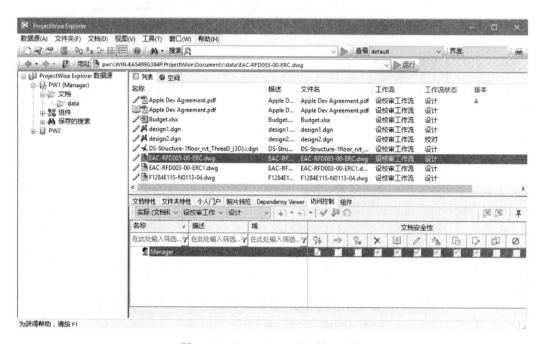

图 4-4-8　ProjectWise 流程管理功能

（5）内部消息沟通

协同设计管理软件的用户之间可以通过消息系统相互发送内部邮件，通知对方设计变更、版本更新或者项目会议等事项，也可以将系统中的文件作为附件发送。同时应支持自动发送消息，当发生某个事件时，如版本更新、文件修改、流程状态变化等，会自动触发一个消息，发送给预先指定的接收人（图 4-4-9）。

（6）规范管理和设计标准

ProjectWise 为使用者提供统一的工作空间设置，使 Microstation 和 AutoCAD 用户可以使用规范的设计标准，用户单位的管理员可以将这些设计标准托管到 ProjectWise 中，当使用人员打开相应项目时，ProjectWise 会自动将该项目的标准下载到使用者的本地电脑中，这样，设计人员就只需要关注本职的设计工作，而不需要考虑是否使用了合适的设计标准，从而提高了设计的效率和质量（图 4-4-10）。

ProjectWise 还可以为项目中的文件设置文档编码规范，用于文档编码的属性可以根据项目实际需求自定义，使所有存入 ProjectWise 的文档按照企业或项目的标准命名规则进行命名，方便项目信息的查询和浏览（图 4-4-11）。

（7）C/S 和 B/S 访问的支持

ProjectWise 协同设计管理平台既提供标准的客户端、服务器（C/S）访问方式，以高性

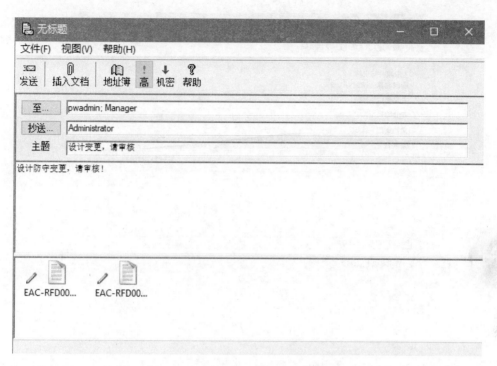

图 4-4-9 ProjectWise 内部消息沟通

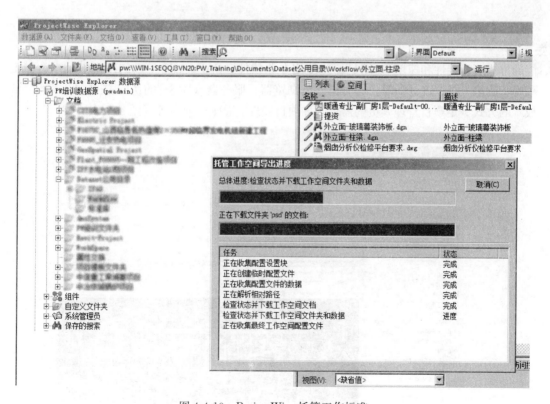

图 4-4-10 ProjectWise 托管工作标准

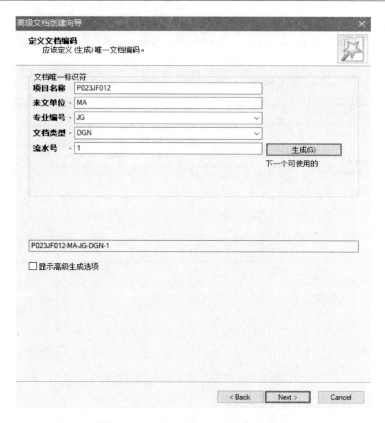

图 4-4-11　ProjectWise 文档编码规范

能的方式（稳定性和速度），满足那些使用专业软件（CAD、GIS 等）的用户的需求，如工程师、测绘人员、设计师等；同时也提供浏览器、服务器（B/S）的访问方式，以简便、低成本的方式满足项目管理人员的需求，如项目经理、总工、业主等（图 4-4-12）。

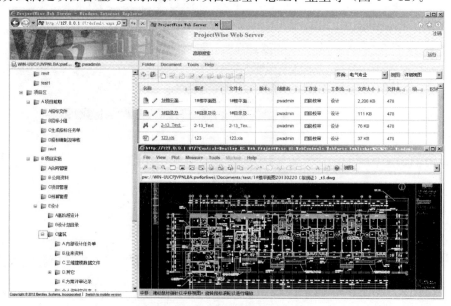

图 4-4-12　ProjectWise 网页端界面

当用户出差在外，两种方式都支持远程访问。用户可以通过公网和企业 VPN 访问 ProjectWise 系统。两种访问方式基于同一项目数据库，保证了数据的完整性和一致性。B/S 的访问方式也提供了强大的访问功能，包括安全身份认证、文件修改、流程控制、查看历史记录、批注等（图 4-4-13）。

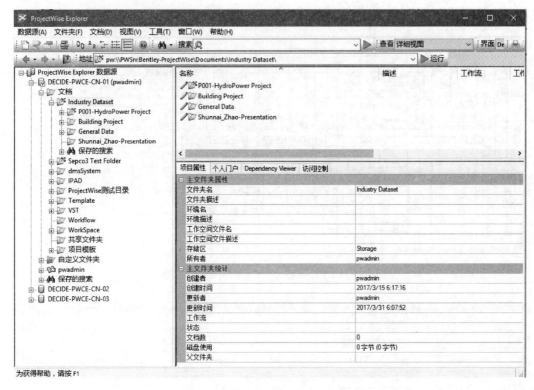

图 4-4-13　ProjectWise 客户端界面

（8）全方位的发布

协同设计管理软件后端应采用发布引擎，可以动态地将设计文件（DGN、DWG）以及光栅影像文件发布出来，设计文件发布后，完全保留原始文件中的各种矢量信息、图层以及参考关系，充分保证了信息的完整性（图 4-4-14）。项目管理人员、各级领导，不需要再安装专业的设计软件，就可以直接通过浏览器查看项目中的各种文件，简单快捷。

（9）企业 Web 门户集成

Microsoft SharePoint 是企业门户解决方案，提供了团队协作、站点管理和业务处理等功能。协同设计管理软件集成 Microsoft SharePoint 等于一个功能强大而灵活的工作环境，为用户 AEC 相关的工作带来更高的效率和生产力。统一的可定制的用户界面环境，无论项目位于什么位置，项目成员都可以方便地对项目信息进行管理、查询以及协同工作；在一个站点中集中展现所有项目的数据，并进行协同工作，用户可以自定义 Web 部件来满足特殊的业务需求（图 4-4-15）。

（10）应用架构

ProjectWise 协同设计管理平台是模块化产品，具有灵活扩展的体系架构，提供了良好的可伸缩性，实现快速的实施和定制，满足从工作组到全球协作的各种规模的项目和组

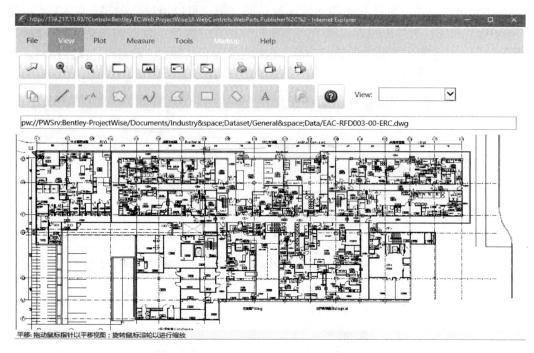

图 4-4-14　ProjectWise 对 DWG 文件的发布

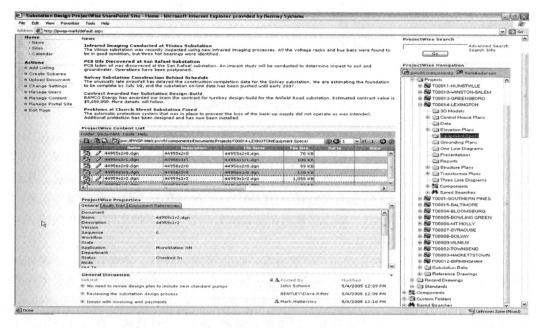

图 4-4-15　ProjectWise 与 Microsoft SharePoint 的集成

织单位的应用需求。还可以根据用户数量的变化以及用户运行的需求动态增减缓存或文件服务器，以满足不同用户、不同项目的特定需求（图 4-4-16）。

（11）开发定制灵活

协同设计管理软件提供了程序的二次开发包，提供开发接口 API 以及说明文档，方

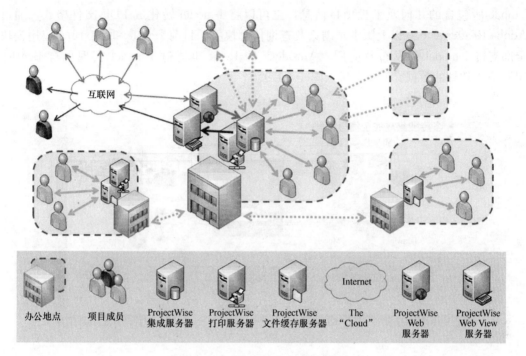

图 4-4-16 ProjectWise 应用架构

便用户根据自己的业务需求，使用各种开发工具进行系统的二次开发。ProjectWise 支持开发的语言有 C++、VC、C♯。Bentley 支持客户进行定制开发。

4.4.3 数据接口及扩展性

作为 Bentley BIM 解决方案基础图形环境的 Microstation，其自身的数据格式为DGN。数据交换接口分为两个层面：几何模型和信息模型。

（1）几何模型

几何模型可以通过基础图形平台 Microstation 进行数据交换，能够直接进行编辑并保存数据格式。

（2）信息模型

信息模型的交换可在以 Microstation 为基本图形平台的专业应用模块中进行，完全继承了平台的数据交换接口，同时也增加了专业应用的数据接口。主要有建筑和结构两个模块。

建筑模块，支持 96XML 的输入、输出接口，IFC 的接口不仅限于几何信息，同时可以包含对应的工程信息。

接口模块，支持 CIS/2、IFC 和 SDNF 的输入、输出。未解决不同结构软件模块间的交换问题，Bentley 提出了一个集成结构数据模型（简称"ISM"），用于解决 Bentley 不同结构应用模块间的数据交换及数据互用，同时还提供相应的 API 函数，以支持第三方的软件开发。

为应对不同厂商软件模块创建的信息模型交换问题，Bentley 提出了 I-model 的接口解决方案。I-model 是一个包含几何及工程项目信息的综合建筑模型，并且是一个能够自我描述、高精度的建筑信息模型。I-model 可独立于应用软件模块存在，且较原始模型更为轻量化。通过 Bentley BIM 应用模块或 Bentley Navigator 浏览器即可浏览和查看

I-model所包含的几何及工程项目信息，也可以将 I-model 转化成 PDF 文件格式，通过 Adobe Reader（10.0 以上版本）浏览及查询信息模型。目前 Bentley 所有 BIM 应用模块全部支持 I-model 的发布及应用，Autodesk 的 Revit 也通过 I-model 实现了与 Bentley BIM 应用软件的数据交换及应用（图 4-4-17）。

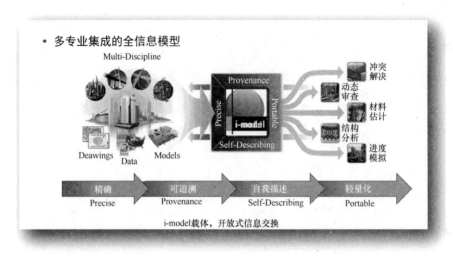

图 4-4-17　I-model 信息模型

使用 I-model 的最直接好处有如下两点：1）当查看 I-model 时不需要额外的应用程序就能看到其中包含的属性信息。如：用 Navigator 查看 OpenPlant 生成的 I-model 时，所有构件中的工厂相关的属性都能查看得到；2）大多数情况下，打开和浏览 I-model 都会比操作源文件快，这是因为 i-model 是经过轻量化的模型，在性能上已经得到了优化（图 4-4-18）。

I-model 格式的文件扩展名有 .i.dgn 和 .imodel 两种。前者用于桌面系统，后者用于移动端。当然，I-model 的格式有成为下一代统一格式的趋势。

图 4-4-18　I-model2.0 版本信息模型

5 项目案例介绍

5.1 西安城市地下综合管廊Ⅱ标段应用

5.1.1 项目简介

西安城市地下综合管廊Ⅱ标段静态总投资估算为 74.59 亿元，合作期限 30 年。项目建设区域包括：未央区、经开区、临潼区、阎良区、国际港务区等，建设干支线管廊共计约 70 公里、缆线管廊共计约 180 公里，是目前全国最大的综合管廊 PPP 项目之一（图 5-1-1、图 5-1-2）。

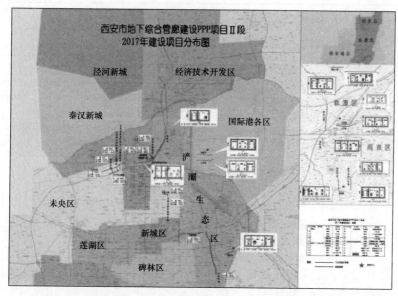

图 5-1-1　西安地下综合管廊Ⅱ标段 2017 年建设项目分布图

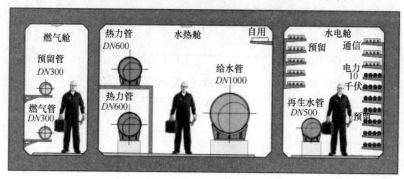

图 5-1-2　综合管廊标准横断面图

渭水二路示范工程位于西安市渭北工业园区临潼现代工业组团，综合管廊全长约2.35公里，敷设在道路北侧的人行道及路侧绿化带下，收纳电力、通信、给水、再生水、燃气、热力等管线。综合管廊为矩形三舱结构。

工程难点包括：该工程是涵盖了道路、建筑、结构、给水排水、电气等几乎全市政专业的综合性项目，在管廊交叉口、地块分支口等节点结构非常复杂，各专业协调难度大；两处下穿现状雨水箱涵和污水干管，既要保证现状排水设施的安全，又要满足管廊和入廊管线的设计要求，在结构空间上容易出现碰撞；入廊管线与现状管线的连接以及入廊管线与非入廊管线的位置关系复杂，容易相互干扰；管廊施工线路长、工期紧，施工质量要求高；且土方及基坑支护方式多样。

5.1.2 BIM 应用概况

西安城市地下综合管廊Ⅱ标段 BIM 应用概况见表 5-1-1。

西安城市地下综合管廊Ⅱ标段 BIM 应用概况 表 5-1-1

内容	描述
设计单位	中冶京诚工程技术有限公司
施工单位	中国十七冶集团有限公司
软件平台	Bentley、广联达云平台、中冶京诚智慧管廊管控平台
使用软件	Microstation、ProjectWise、OpenRoads Designer、AECOsim Building、ReStation、OpenPlant、Substation、BRCM、Lumen RT、Unity
应用阶段	规划、设计、施工、运维
BIM 应用亮点	（1）管廊工程全过程 BIM 技术应用。 （2）无人机航拍获取区域基础数据，与道路设计无缝衔接。 （3）管廊工程全专业三维协同设计。 （4）施工工艺模拟优化施工方案。 （5）基于 BIM+GIS 的三维可视化运维管理平台的开发和应用。 （6）BIM 实现产业链协同应用，设计、施工及运维无缝对接 （7）获第三届中国建设工程 BIM 大赛卓越工程项目一等奖，中冶集团 2017 年度 BIM 技术应用大赛一等奖

5.1.3 BIM 实施方案

本项目对于 BIM 应用的定位目标是：借助 BIM 的技术优势和科学的规划、设计、施工和运维管理方法，优化管廊设计、施工方案，控制施工进度，减少工期，降低成本，提高安全运营水平和设施设备维护管理能力，也为西安市乃至全国其他管廊工程 BIM 技术应用提供参考和指导。

5.1.3.1 规划阶段

西安渭北工业区临潼组团规划用地 51.03 平方公里，规划综合管廊约 17.8 公里。近期规划渭水二路综合管廊约 2.35 公里。在本阶段，结合无人机航拍和 GIS，将渭水二路区域的原始场地进行三维信息化。

通过对综合管廊相关规划的解读，结合国内城市的建设经验，考虑到地下空间资源相关的多种因子多层次复杂系统，分别从宏观、中观、微观三个层面建立了综合管廊适宜性评价体系。宏观层面主要评价管廊建设的必要性，中观层面主要评价综合管廊建设的适建区域，微观层面主要评价管廊建设的系统与适建路段。GIS针对中观和微观层面的因子进行评估、赋值、计算、叠加分析，最终得到科学的综合管廊线位。

（1）宏观层面

宏观层面上，根据渭北工业园区的政策方针、城市定位、经济水平、发展规模、功能定位、产业发展目标、十三五发展重点区域和项目等，采用定性分析的方法，将规划区域划分为一般建设区、有条件建设区和重点建设区。

（2）中观层面

通过对规划区基础资料和规划区现状及规划情况的判读，利用GIS的空间叠加分析技术，对建设现状、工程地质、交通现状、地形地貌、用地性质、重点发展区域、开发强度、地下空间、快速路、轨道交通、历史保护、旧城改造等相关的因子，进行标准化和量化，从而形成适建区域的指标权重体系（图5-1-3）。

（3）微观层面

与综合管廊的具体方案具有最直接密切关系的要素，主要有管线种类和数量、道路等级及红线宽度、道路中间及两侧绿化带宽度、景观道路、一级主干管、近远期建设道路等。采用GIS对模型进行叠加、计算和统计、分析，结果呈线性分布，颜色越深为越适宜建设综合管廊的道路（图5-1-4）。

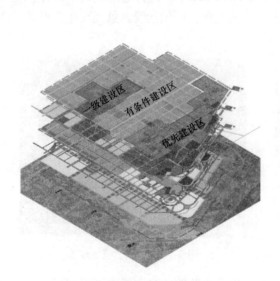

图5-1-3 管廊建设区域分析

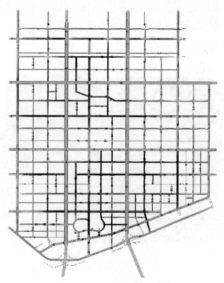

图5-1-4 管廊建设路段分析

敷设地下综合管廊的路由道路适宜度评判的目标并非利用评判结果直接得到规划路由，而是通过多因素评判，为规划地下综合管廊路由提供经过加工的"素材库"，为管廊科学的布局规划提供技术保障。

5.1.3.2 设计阶段

（1）工作流程图（图 5-1-5）

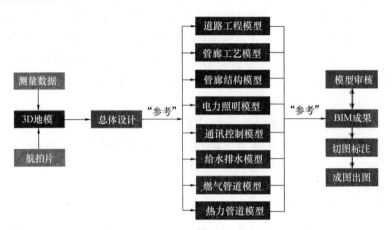

图 5-1-5 渭水二路工程 BIM 设计应用流程

（2）建模方案

1）场地模型：将无人机航拍技术与 3D 实景建模（ContextCapture）结合，精准高效完成项目场地地表建模工作（图 5-1-6）。根据各钻孔资料通过 GeoStation 建立相应地质模型，将测量数据信息化，建立地质数据管理库。将地下现状管线进行分类，整理井的编码、坐标、管线连接方向、管径、管线起终点高程信息等基本数据，导入 ArcGIS 软件二次处理自动生成，减少重复建模时间。

2）道路模型：将场地模型导入 OpenRoads Designer 中，进行道路平纵横设计、交叉口、辅道等细部设计。最后在三维道路上进行交通工程、标识标线、景观绿化等设计（图 5-1-7）。

图 5-1-6 3D 实景地模

图 5-1-7 道路、管廊模型

3）管廊设计：在 OpenRoads Designer 中，根据道路路线确定管廊平面线形，再根据实际情况确定管廊纵断面及横断面，参数化形成三维廊体模型，标示出节点位置；将廊体模型导入 AECOsim Building 并进行节点设计，调整廊体与节点交界面。

4）结构设计：提取场地模型、道路模型和管廊模型所包含的信息后，进行三维结构设计，得到钢筋混凝土结构模型（图 5-1-8）。

5）管线设计：根据已有的道路模型、管廊模型确定各管线专业的位置、检查井、阀门井以及其他条件，进行入廊管线设计并得到各管线专业模型（图5-1-9）。

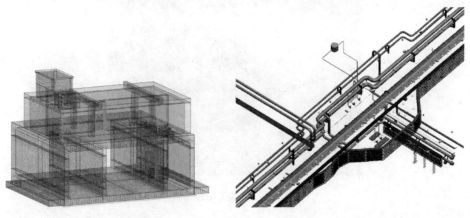

图5-1-8 节点结构模型   图5-1-9 管线模型

采用Bentley系列软件进行三维设计，模型总装后结合LumenRT虚拟现实技术，进行漫游渲染，提供可视化设计成果和渲染效果图（图5-1-10）。

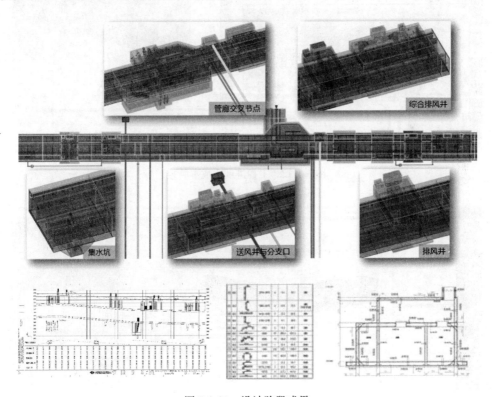

图5-1-10 设计阶段成果

5.1.3.3 施工阶段

基于BIM技术三维可视化技术，提前对施工场地布置进行三维立体策划，有效避免二次搬运及事故发生（图5-1-11）。

图 5-1-11　施工场地布置

设计阶段模型在 BIM 平台进行施工方案模拟与优化，实现施工进度的科学管理，工程成本科学管控（图 5-1-12）。可视化技术交底，消除传统施工交底沟通障碍（图 5-1-13）。

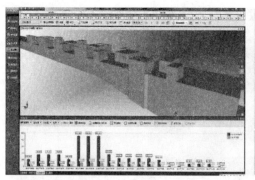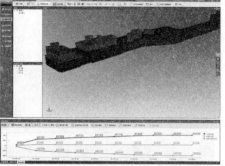

图 5-1-12　工程进度、成本管控

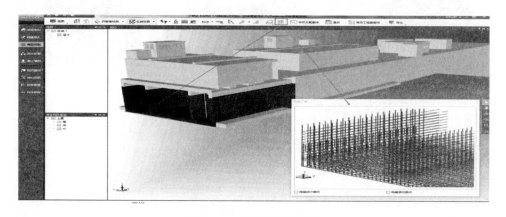

图 5-1-13　可视化技术交底

利用二维码技术，将构件属性及过程管理、验收资料、现场人材机、企业文化等信息归集于二维码中，通过移动终端扫描二维码反馈各类信息，实现工程管理信息化

（图 5-1-14）。

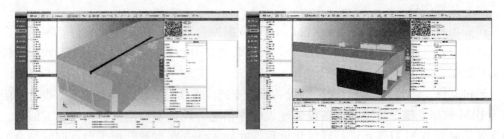

图 5-1-14 二维码应用

采用移动终端采集现场数据，收集隐蔽工程过程信息，建立现场质量、安全、文明施工等数据资料，与 BIM 模型即时关联，建立基于 BIM 的综合管理流程，方便施工中、竣工后的质量缺陷等数据统计管理（图 5-1-15）。

图 5-1-15 施工现场应用

5.1.3.4 运维阶段

西安市地下综合管廊Ⅱ标段项目，在运维管理阶段，将 BIM 与 GIS、管控平台相结合，真正实现了管廊数据的全生命周期传导、构建了信息化、规范化、三维可视化的管廊运维管理体系。

西安市地下综合管廊Ⅱ标段项目在运维阶段主要实现了数据传导、三维可视化、互动展示、仿真培训等几方面的功能。

（1）数据传导

西安市地下综合管廊Ⅱ标段项目以 BIM 数据库为基础，构建涵盖综合管廊全生命周期的数据中心，通过智慧管廊管控平台，实现与监控中心的信息联动，动态反映综合管廊的实时数据。

通过软件，对规划、设计阶段的设备设施空间位置信息、设备设施模型、设备功能参数等 BIM 数据，施工阶段的设备设施建设时序信息、设备采购信息、设施施工信息、设备安装信息等 BIM 数据，进行轻量化处理，并导入到管廊智慧管控平台，同时结合 GIS 地理信息数据、管廊实时监控数据（环境、设备、廊体结构、管线）及管廊运维管理数据，通过管控平台将各阶段的数据进行有效整合，各阶段数据应用于管廊运维管理，实现智能化、精准化的运维管理、资产管理及数据分析，真正意义上实现了管廊数据的全生命周期传导。

（2）三维可视化

西安市地下综合管廊Ⅱ标段项目基于 BIM 三维模型的动态数据，结合 GIS、环境检测、人员定位、结构检测、管线检测等技术，实现对廊体、附属设施、入廊管线、廊内人员的三维可视化管理。

管廊管控平台的三维模型是由叠加了施工数据的 BIM 模型经过轻量化处理后导入而成，各设备设施模型在三维空间内的位置与实际施工情况一致，且其属性能够反应实际的采购信息，因此平台可以对管廊资产进行直观的、可视化的管理，通过平台的三维模型即可了解管廊内设备设施的基本信息。同时，平台将现场采集的实时检测信息与三维模型进行整合，通过实时状态改变模型的颜色、形状、运动等，并实时更新模型属性信息，从而实现在三维场景中了解管廊现场的实际状态。

同时，系统基于空间可视化等技术，集合二维地理信息、三维建模等，以"一张图"模式向上层应用提供基于位置的可视化的服务，可直观地展示综合管廊整体情况、预警告警位置及报警状态，查看对应地面上的情况等。支持二维地图和管廊三维模型的综合展示，满足大范围地下综合管廊的监控和管理的需要。

此外，还可实现整个管廊系统的漫游浏览、分区显示、动画导航、空间测量、设备动态信息显示、实时数据监控、设备信息查询、监控画面调取、车辆人员定位等功能。

（3）互动展示

西安市地下综合管廊Ⅱ标段项目基于 BIM 模型，结合 GIS、移动互联、人体工程学等专业技术，将各种专业数据进行融合，建立了图形化、数字化的运维管理汇报展示系统，并应用在管廊参观段的观摩展示中。

根据管廊参观段的观摩展示需求，利用 BIM 模型及 GIS 地理信息，通过大型触摸屏对管廊规划建设情况、管廊三维模型等进行互动展示，同时通过三维动画脚本对管廊运维管理流程、应急处置流程等进行直观、生动的动态展现。此外，参观人员可以通过触摸屏，实现管廊三维漫游及对通风口、投料口、人员出入口等各特定节点的三维模型进行各角度的查看及测量。

（4）仿真培训

西安市地下综合管廊Ⅱ标段项目基于 BIM 三维模型，结合虚拟现实技术，实现虚拟场景下的廊内漫游以及针对管廊运维管理人员的仿真培训。

项目利用 BIM 模型及 HTC Vive 虚拟现实设备，基于 Unity 引擎进行软件开发，研发出针对西安管廊管理公司运维人员的仿真培训系统。系统可实现沉浸式的管廊三维虚拟漫游，可对管廊基本情况及注意事项进行讲解。同时，结合管廊运维管理标准作业流程（SOP），实现对运维人员巡检、保养、维修等运维流程及应急流程的演示及培训考核。

5.1.4　BIM 应用点

BIM 应用点见表 5-1-2。

BIM 应用点　　　　　　　　　　　　　　　　　　　　　　表 5-1-2

序号	阶段	应用点	具体内容
1	规划阶段	GIS 管理	管理土地使用现状数据、道路数据、市政设施数据等
2		环境虚拟	模拟三维地形地貌、虚拟城市场景
3		叠加分析	统计各因子，评价各路段建设价值
4		规划制图	现状及规划制图
5	设计阶段	场地建模	利用 GIS、航拍、3D 实景建模等，进行地形建模，提供虚拟踏勘平台
6		管廊方案比选	场地模型与管廊模型合成，统计并比较不同方案的土方量
7		现状管线分析	将测勘的管线数据建模，并与设计模型组合，统计并优化现状管线改迁方案
8		综合管线和优化	入廊管线与廊外管线的连接优化，非入廊管线与管廊空间位置优化
9		碰撞检查	三维空间中对管廊、管线、道路进行错、漏、碰、缺检查
10		虚拟现实	LumenRT 虚拟现实渲染、漫游
11		二维图纸剖切与工程量统计	通过剖切得到二维图纸，分专业进行工程量统计，并插入图纸形成完整的施工图
12		施工方案模拟	模拟管线迁改、施工期间交通组织以及后期管线入廊进行
13	施工阶段	广联达云平台	基于 BIM 平台，开展进度、质量、施工环境管理
14		施工筹划模拟及优化	运用 BIM 技术，按照施工筹划进行"虚拟施工"，检查校核施工筹划的合理性，通过检查、反馈、调整，形成科学合理的施工筹划
15		关键节点虚拟施工	利用 BIM 技术建立管廊实体模型、施工机具模型，在施工界面进行组装模拟，直观显示传统二维设计中的"视野盲区"，预见多作业面立体交叉施工时的空间"打架"现象，将虚拟施工信息进行提取，用以修正施工方案
16		施工过程资料与模型绑定	随时查看模型节点的施工详情，对施工方的文件管理起到重要作用
17		移动端应用	通过广联达云平台，在移动设备上查看项目模型信息，指导现场施工

序号	阶段	应用点	具体内容
18	运维阶段	数据传导	以 BIM 数据库为基础，构建涵盖综合管廊全生命周期的数据中心，将规划、设计、施工、运维各阶段数据通过管控平台进行统一管理
19		三维可视化	基于 GIS 及 BIM 模型，实现管廊管控的三维可视化
20		互动展示	基于 BIM+GIS 互动宣传展示
21		仿真培训	基于 BIM 模型的 VR 仿真培训

5.1.5　BIM 实施效益

（1）ProjectWise 多专业协同设计和标准化设计，实时更新，提高设计效率

本项目运用 ProjectWise 进行多专业协同设计，建立共享工作平台。各专业互相关联。设计实时更新。路线部分为项目设计的基础，优化调整路线线形和竖向高程后，使用 ProjectWise 的实时参考功能，交通工程、排水、路灯等部分自动调整更新，相比传统设计方案调整，专业相互调整设计工作量减少 90%（图 5-1-16）。

图 5-1-16　ProjectWise 协同平台

（2）GIS 数据与 BIM 模型整合，实现精细化周边环境仿真

本工程实现了 BIM 与 GIS 的初步结合。利用无人机航测技术，使用 Bentley 公司的

ContextCapture 软件进行 3D 实景建模，为 BIM 提供测绘基础数据、建立高清三维地面模型、提供虚拟踏勘平台，实现虚拟踏勘技术的落地应用。

（3）项目成果数字化交付

基于 Bentley 综合管廊解决方案，项目可向业主交付方案模型、设计模型、分析模型、仿真漫游模型，以及传统二维施工图纸。还可以对模型进行渲染，生成效果图。同时，也可以通过移动终端进行设计成果的交接。

（4）运维管理水平极大提高

管廊管控平台利用 BIM 技术，实现了规划、设计、施工各阶段数据的传导，并结合 GIS 及 SOP（标准作业流程）实现了对管廊本体、敷设设施、入廊管线、廊内人员等的三维可视化管理，极大地提高了管廊运营管理的标准化、规范化水平，从而能够有效地提高管理效率，降低运维成本。

5.2 衡水武邑钢制管廊应用

5.2.1 项目简介

5.2.1.1 项目概况

武邑县东昌街起自宁武路，终至河钢路，道路全长 1800 米，双向 6 车道，主干道路宽 21 米，管道红线宽 43 米，市政设施用地红线宽 60 米。武邑县地下综合管廊工程（一期）工程位于东昌街东侧人行道及绿化带内，管廊钢制三舱断面，总长约 1650 米，其中混凝土节点共 15 个，长约 400 米。控制中心位于东昌街与欢龙路交叉路口东北角，占地面积约为 70 米×40 米。

本工程为国内首个自主研发并成功实施的钢制装配式综合管廊工程项目，攻克了钢制综合管廊防腐、防渗、防火、防形变等多个难题，极大提升了建设钢制综合管廊的技术经济指标。基于该工程，编制发布了《波纹钢综合管廊工程技术规程》DB13（J）/T 225—2017、《中冶集团装配式钢制综合管廊工程技术标准（2017）》，填补了国内钢制装配式综合管廊相关标准的空白。

其中，智慧管廊建设的主要内容包括：弱电及智能化系统、智慧管廊管控平台搭建、控制中心及展厅的装饰装修及系统集成。首先，在钢制管廊普通段满足基础监控的需求，并预留未来升级的接口；管廊参观段在满足基础监控的基础上，设置智能巡检机器人及移动辅助巡检设备，将原 50 米试验段的廊体结构检测数据接入平台。控制中心的智慧管廊管控平台，满足智慧化的运维管理的需要，并实现未来与智慧城市的数据对接。此外，为了对武邑县的管廊建设进行宣传，对钢制管廊技术及相关产业进行推广，将在控制中心设置展厅，通过先进的展示手动进行宣传展示。

5.2.1.2 重点难点

（1）本工程管廊标准段采用钢制镀锌波纹板拼装而成，电力及通信管线均由管廊中间隔墙的立柱支撑，热力管道和排水管廊支架立于混凝土底板上，而给水、中水、燃气管道、消防设施、自用桥架、照明灯具等均吊挂在钢结构肋筋上。本钢制管廊的结构特点是荷载余量小，埋件开洞等不宜现场再处理（会破坏镀锌层，影响结构寿命），因此各专业的开洞埋件资料务必在设计阶段提全。

（2）本工程在参观实验段的综合舱设置了一组钢制送风节点，采用地面通风设施，需要通风、钢结构等专业做相应设计。

（3）本工程设置了三组钢制投料口，其中参观实验段仅于综合舱设一组，标准段设两组，讯电舱、水热舱、燃气舱均有（钢结构专业）。

（4）本工程尽可能将混凝土节点组合在一起（参观、引出、投料、通风），各管线专业的管道固定点及排水点等应设在混凝土节点内，钢制管廊标准段上不能承受较大的推力。

（5）本工程将污水管道纳入管廊水热舱，关于该舱的监控设施的设置要求与普通水热舱环境监控设备有一定区别，需增加有毒气体检测设备。

5.2.2 BIM 应用

本工程使用 Bentley 系列软件建立信息模型，贯穿研发、测试、设计、施工、展示、运维等各个阶段。

5.2.2.1 研发设计阶段

本工程在研发设计阶段利用 BIM 技术建立三维管廊模型，使管廊设计全面可视化，同时，对设计失误进行自动检测和提示，兼顾设计质量与设计效率。

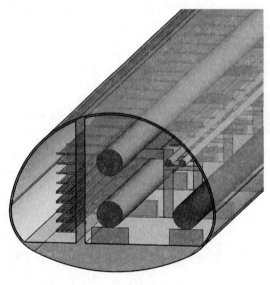

图 5-2-1 管廊断面 BIM 图

（1）方案设计

通过对结构尺寸信息进行空间、市政衔接综合评价，进行项目深度控制，实现了对管廊外形与空间功能的分析；通过空间分析、多方（消防、交通）模拟、机电设备性能分析等实现了多方面的设计优化；通过建立钢制管廊主体结构的信息模型，开展结构载荷与强度分析。

（2）断面设计

钢制管廊内部空间受限，管线种类较多，加上各种管线自身的设计要求，管廊设计难度较大。利用 BIM 模型，将管廊断面形式、内部结构以及管线排布等以三维的形式进行展示（图 5-2-1），通过不同颜色标识不同管线，断面设计更直观清晰，从而便捷调整管廊断面、管线排布，寻找断面方案的最优解。

（3）节点设计

管廊节点全部采用组合式设计，降低对标准钢制廊体的不利影响。利用 BIM 模型，各专业设计人员协作，均可获得一致、准确的节点设计信息，优化节点方案，节约工程造价（图 5-2-2）。

（4）协同设计

管廊内部空间有限，管线种类较多，需要配备诸多附属设施确保管廊安全，设计过程需要多个专业共同参与设计，如果按照传统设计模式，极易发生错、漏、碰、缺的问题。基于 BIM 技术协同设计平台的碰撞与自动纠错功能，解决管道、管线及附属设施之间存在的冲突问题，优化管道的排布，并生成图纸指导实际施工，从而减少资源的浪费，降低成本，缩短工期。

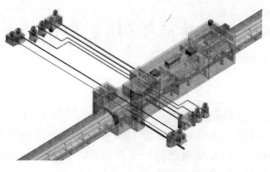

图 5-2-2　管廊节点 BIM 图

5.2.2.2　廊体结构施工阶段

（1）施工图深化

首先，BIM 团队建立了详细的实施标准，为各方进行 BIM 深化划定了边界，如模型交付深度与模型的综合。随后，由各施工参与方进行相应的 BIM 施工深化，最终实现竣工图的 3D 数字化移交。

（2）施工模拟

针对各方建立相应的综合模型，进行施工进度与施工方案模拟。通过施工进度和施工方案的模拟，对施工进度进行调整与优化；通过施工方案的模拟，对施工工法与施工现场排布进行优化。

（3）质量监控

施工过程中布设监测仪表，将监测数据与信息模型相结合，监控管片安装质量、回填施工质量，并实时对结构参数进行综合性分析。

（4）施工管理

打造项目 BIM 数据中心与协同应用平台，实现全专业模型信息及业务信息集成，多部门多岗位协同应用，为项目精细化管理提供支撑，并运用 BIM 技术实现成本节约、管理提升、标准建设。

5.2.2.3　智慧管控系统建设阶段

武邑钢制智慧管廊在满足管廊设备与环境、安防、通信、火灾报警等基础监控之外，对管廊廊体结构、入廊管线进行实时监控，同时根据管廊运营的标准作业流程，打造安全、经济、便捷、高效的智慧管廊管控平台。平台能够实现运行监控、运维管理、资产管理、人员管理、档案管理等日常管理功能，同时能够满足对应急事件的处理、多系统多部门的应急联动、应急仿真培训等。

利用 BIM＋GIS 技术，通过模型转换接口与轻量化处理，实现管廊运维的三维可视化监控。在管廊的日常运维中，管理员可以方便地进行数据库管理，提取元件属性，形成构件、设备数据库，并进行管理。BIM 技术还在虚拟应用、管廊虚拟漫游、虚拟培训等方面发挥了巨大的作用。如：日常巡检员维修工上岗之前，可以应用 BIM 模型制作的人机交互虚拟互动程序进行实际操作培训。对于高级管理者而言，利用 BIM 模型和大数据分析，实现对设备故障、管廊能耗、管线管网等的分析，有利于提高管理者运维决策的科学性、准确性，提高管廊运维管理效率。此外，还可以对事故进行预前判断，或通过事故模拟优化应急预案。

5.3 云南滇中新区综合管廊应用

5.3.1 项目概况

云南滇中新区是 2015 年设立的第 15 个国家级新区，是我国面向南亚、东南亚辐射中心的重要支点。新区位于昆明市主城区东西两侧，分为嵩明—空港片区、安宁片区两个部分，初期规划面积约 482 平方公里。新区区位条件优越，生态环境良好，产业集聚优势明显，加快发展空间较大。

滇中新区智慧管廊一期工程位于嵩明—空港片区，工程范围包括哨关大道（10.19 公里）、嵩昆大道一期（7.44 公里）综合管廊的机电工程、消防工程、综合监控系统，以及智慧管廊监控中心（216.23 平方米）与智慧管廊展厅（423 平方米）建设，工程总投资约 2.3 亿元（图 5-3-1～图 5-3-5）。

图 5-3-1 滇中新区智慧管廊一期工程概况

滇中新区智慧管廊工程，以超时代理念、超想象便捷、超纬度管控、超稳定运营的建设理念，应用 BIM、GIS、物联网、云存储、人工智能、大数据等多种等先进技术，通过一体化的分析决策和综合管控，打造管理可视化、维检自动化、应急智能化、数据标准化、分析全局化、管控精准化的综合管廊管控系统，使管廊运维安全、经济、高效、便捷，保障新区生命线的可靠运行。该工程入选《住房和城乡建设部 2017 年科学技术项目

图 5-3-2 哨关大道综合管廊标准断面

图 5-3-3 哨关大道综合管廊参观段（综合舱、电力舱）

图 5-3-4 智慧管廊控制中心

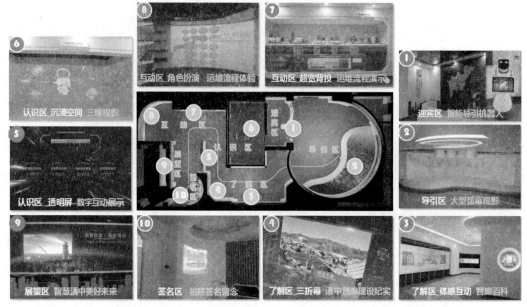

图 5-3-5　智慧管廊展厅

计划》，是住房和城乡建设部 2017 年科学技术示范（信息化类）项目。其先进的智能化管控模式和大型多媒体展示形式，截至 2018 年 8 月，已吸引社会各界近 600 人次前去参观考察，对西南地区乃至全国的智慧管廊建设工作均起到了良好的示范和推动作用。

5.3.2　BIM 应用

5.3.2.1　信息模型恢复与基础数据库建立

（1）基础信息模型恢复

根据设计、施工单位的图纸、资料，建立土建工程实施完成阶段的信息模型（包括专业模型、设备元件库、总装模型等）（图 5-3-6）。

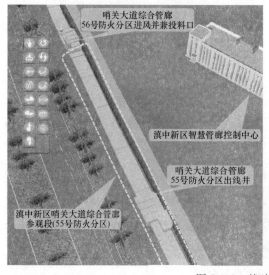

图 5-3-6　基础信息模型建立

144

（2）设计优化与深化

强电、弱电专业在 Project Wise 平台协同开展供配电与照明系统以及其他弱电系统的设计优化与深化，包括系统配置、设备选型、平断面布置等，在此过程中完善模型数据（图5-3-7）。

图5-3-7　协同设计优化与深化

（3）机电工程安装指导

使用模型指导机电设备安装，并根据设备采购及现场实际情况完善、校准模型数据（图5-3-8）。

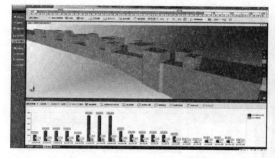

图5-3-8　安装指导与模型校准

（4）信息模型整合与编码体系建立

根据综合管廊的构成及其在运维阶段运行、维检、入廊、应急、资产等管理活动的特点，结合相关规定，构建以位置编码与物料编码为基础的标准编码体系（图5-3-9）。通过编码体系，首先完成规划、设计、施工、系统集成阶段信息模型的规范表达与整合。再通过不同的排列组合方式，使构成管廊和参与管廊活动的每个元素拥有唯一的编码，通过编码快速、准确地形成数据库的映射。

图 5-3-9　物料编码与位置编码

5.3.2.2　模型轻量化处理与数据传导

（1）轻量化处理与跨平台传导

通过数据轻量化工具开发、数据轻量化制作和设备模型打包、分组，对信息模型进行轻量化处理，并导入智慧管控平台中进行管理与应用。在管控平台的三维空间内，各设施设备的模型位置与现实位置对应，其属性能够准确反映功能参数以及建造、采购、施工、维保与其他技术信息（图 5-3-10）。

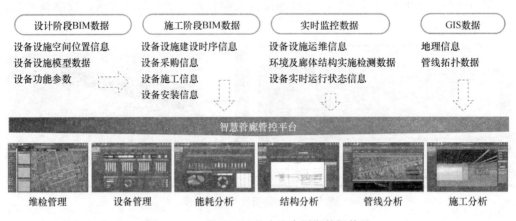

图 5-3-10　基于 BIM 的全生命周期数据传导

（2）动态数据连接

将信息模型与 GIS、SCADA 以及其他管理数据进行统一，以"一张图"模式向上层应用提供基于位置的可视化服务，直观展示综合管廊片区与局部情况（图 5-3-11）。支持二维地图与三维模型的综合展示，满足大范围监控和管理的需要（图 5-3-12）。

图 5-3-11 "智慧管廊"一张图

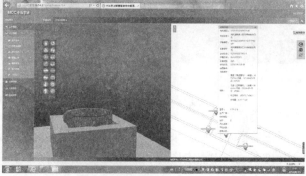

图 5-3-12 二三维联动查询

5.3.2.3 运维管理其他应用

（1）人员与设备定位

将信息模型与蓝牙、无线 AP 等技术结合，在巡检管理中实现对人员与设备的实时动态精准定位（图 5-3-13）。

图 5-3-13 人员定位与设施定位

（2）巡检辅助

将信息模型与 AR 技术结合，通过智能巡检仪、AR 眼镜等智能装备辅助人工巡检，有效提升人工巡检的工作效率与质量（图 5-3-14、图 5-3-15）。

图 5-3-14　智能巡检仪与 AR 眼镜

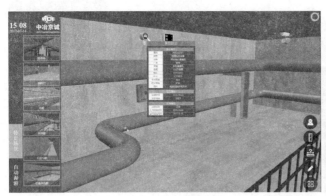

图 5-3-15　设备设施信息查询

（3）资产管理

通过编码对库房、采购、入库—出库、备品备件、应急物资、设备台账进行统一管理，并可在地图中点击图标获取相关信息（图 5-3-16）。

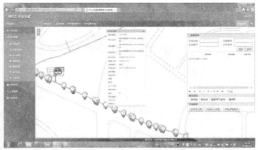

图 5-3-16　资产管理与信息查询

（4）事故模拟与应急管理

将信息模型与仿真分析计算结合，对事故进行模拟，从而验证与优化应急预案，提高事故响应速度，降低事故影响范围；还可以利用信息模型与监测数据，通过专家模型及 AI 算法，预测可能出现的问题，及时预警（图 5-3-17～图 5-3-19）。

图 5-3-17 管道破损事故模拟

图 5-3-18 事故影响范围分析

图 5-3-19 电缆火灾应急预案

（5）管线入廊模拟敷设

在入廊管理中，同样利用上述技术，通过模拟敷设确认申请入廊的管线路径（图 5-3-20）。

（6）虚拟培训

在人员培训中，将信息模型与 VR 技术结合，对管廊运维人员进行虚拟培训，开展漫游讲解、仿真巡检及维修、应急演练等（图 5-3-21）。

图 5-3-20　电力电缆入廊模拟敷设

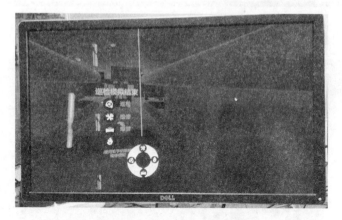

图 5-3-21　VR 虚拟培训

5.4　平潭综合实验区地下综合管廊干线工程环岛路段应用

5.4.1　工程概况

平潭综合实验区地下综合管廊干线工程，位于福建省平潭县，综合管廊段涉及 13 种类型，全长 32.507 公里（其中坛西大道南段新建综合管廊长 6.995 公里。环岛路新建综合管廊 19.932 公里，新建雨水箱涵 5.58 公里。本项目 BIM 应用范围为环岛路段美湖路—东大路区间，全长 7.1 公里），主要由三舱断面组成。综合管廊纳入电力、通信、给水、中水、局部雨水、污水、直饮水、通风、燃气等 9 种管线。廊内安装环境与设备监控、安防监控、通信监控、电力监控、结构健康检测、智能机器人巡检、火灾自动报警等 8 个主要系统（图 5-4-1）。

图 5-4-1　平潭综合实验区地下综合管廊干线工程概况

管廊工程建设期为 14 个月，道路工程建设期为 3 年，运营期为 25 年。设计单位为深圳市市政设计研究院有限公司，施工单位为中铁一局集团有限公司，BIM 咨询单位为深圳市市政设计研究院有限公司，运维平台开发单位为中铁（平潭）管廊管理有限公司、中铁一局集团有限公司和四川旷古信息工程有限公司。

本项目采用模板台车施工技术、铝合金模板施工技术、微型桩施工技术等 17 项新技术、新工艺，首次采用一箱三室大断面整体卧式预制拼装技术，开创了国内一箱三室整体式预制拼装施工的先河。通过 BIM 技术以及新技术新工艺的应用，在信息化管理的基础上，逐步实现自动化，用智慧覆盖整个管廊运行管理的全过程，实现高效、节能、安全、环保的"管、控、营"一体化智慧型管廊。

5.4.2　BIM 应用概况及实施路线

本项目的 BIM 应用涵盖了设计阶段、施工阶段与运维阶段等，旨在打通产业数据链，提升建设管理水平，为运维管理工作提供真实可靠的数据成果。

本项目 BIM 设计与施工建模与应用、运维 BIM 准备工作均由深圳市市政设计研究院有限公司 BIM 技术团队完成，项目实施的主要内容如下：

（1）BIM 协同工作环境搭建。

（2）BIM 实施方案与标准制定。

（3）全专业 BIM 模型搭建。

（4）基于 BIM 模型的设计协调与碰撞检查。

（5）重难点节点施工工艺模拟。

（6）基于 BIM 模型的工程量复合。

（7）施工组织模拟与优化。

（8）运维平台开发与运维 BIM 应用。

5.4.2.1 实施准备阶段

（1）BIM 协同工作环境搭建

本项目参与专业、人员众多，协调难度大。利用 Bentley ProjectWise 协同管理软件搭建 BIM 协同环境，进行合理的施工任务分配及模型管理，按角色、标段、专业、功能等分层级、多维度进行任务划分。建立项目实施文件夹，设定项目参与人员工作范围与访问权限，规定工作流程，并在 ProjectWise 平台上向各参与方推送软件工作环境（图 5-4-2）。

图 5-4-2　项目 BIM 协同工作环境搭建

（2）BIM 实施方案与标准制定

为保证各阶段模型协作与信息有效传递，在项目开始前，编制 BIM 实施方案，明确各参建方 BIM 实施职责与工作内容，制定协同工作管理办法，以便 BIM 应用与传统建设流程紧密结合。

通过项目 BIM 标准的制定，明确模型创建深度与信息内容，以保证设计 BIM 信息内容与模型精细度施工 BIM 应用和项目管理需求相符，竣工 BIM 成果满足运维管理工作的要求。

5.4.2.2 设计阶段

（1）全专业 BIM 模型创建

本项目 BIM 技术团队与设计团队紧密配合，创建全专业 BIM 模型，主要包括：主体结构、配套设施、附属设施（消防、通风、供电及照明、监控及报警、排水、标识等）。

利用 BIM 软件参数化设计的优势，通过管廊平面中心线、横断面、纵断线参数控制，精确完成标准段的模型搭建，解决了大型复杂空间线形工程图纸表达不清晰、空间表达难度大的问题（图 5-4-3）。

图 5-4-3　全专业 BIM 设计模型

施工阶段根据现场工艺要求，在设计模型的基础上进行深化，施工完成后，BIM 技术团队根据施工过程的变更情况，更新模型，补充详细设备信息与竣工验收资料，形成竣工模型，移交运维管理团队。

（2）基于 BIM 模型的设计协调与碰撞检查

整合管廊结构主体、机电各专业模型及配套设施的 BIM 模型，在三维环境中检查不同专业在空间上的设计冲突、碰撞及空间预留不足等问题，并生成检查报告，反馈给设计团队进行修正，提高工程项目的设计质量，并避免由于设计错误造成的施工返工（图 5-4-4）。

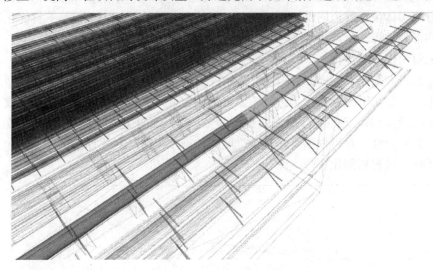

图 5-4-4　基于 BIM 模型的设计协调与碰撞检查

依托结构主体、配套设施等围护结构，综合考虑设计规范、施工工艺及检修维护空间要求，对管廊内各类型机电管线进行优化调整。可以利用优化后的三维管线方案，进行施工交底、施工模拟，提高施工质量。

5.4.2.3　施工阶段

（1）重难点节点施工工艺模拟

借助 BIM 技术与配套软件对重难点节点进行模拟，施工人员能够直观地了解整个施

工安装环节的时间节点和安装工序，进行可视化施工工艺交底，提高施工方案的可行性
（图 5-4-5）。

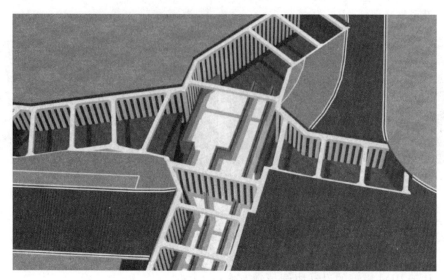

图 5-4-5　节点土建工程施工工艺模拟

（2）基于 BIM 模型的工程量复合

BIM 模型包含了土建结构、管道设备和附属设施的全部有效信息，能够准确、便捷
地完成机电管线实体量、管道附件、机械设备、结构体积量统计，实现钢筋下料优化，并
配合招标采购部门进行工程量核算。

（3）施工组织模拟与优化

依据施工组织方案与 Project 施工计划书，在施工动态模拟软件中针对 BIM 模型添加
时间、空间、工艺等逻辑属性信息，进行施工组织模拟，对于一些重要的施工环节或采用
新施工工艺的关键部位，安排进行详细的模拟和分析，为施工组织方案决策提供技术支
持，提高计划的可行性。并可根据实际施工进度调整施工组织，对比计划进度与实际进度
的差异，便于施工过程精细化管理（图 5-4-6）。

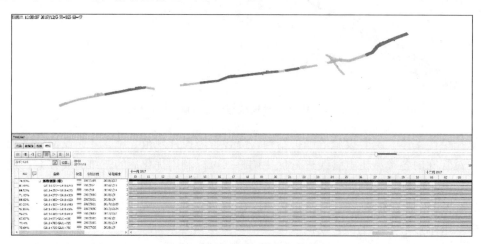

图 5-4-6　施工组织模拟与优化

5.4.2.4 运维阶段

针对运维的需求，以竣工 BIM 模型与资料为基础，以平潭智慧管廊八大监控子系统为管理依据，结合物联网、三维 GIS、VR 应用、云计算等先进技术打造平潭智慧管廊运维平台，实现管廊"管、控、营"的智能化和自动化。平台核心功能如下：

（1）项目总览

三维 GIS 系统可展示项目全貌，可看到整条管廊的走势以及分区的分布情况，还可用于巡检人员定位查看、警报位置查看与应急指挥（图 5-4-7）。

图 5-4-7 管廊项目总览与报警管理

（2）管廊空间浏览与设备定位

运维平台搭载的 BIM 模型提供了三维可视化的监控界面，管理人员可以通过虚拟漫游功能进行模拟巡检，通过 BIM 模型进行设备定位，查看各个舱室内各类管线分布、设备分布以及设备监控信息，点击查看各个设备模型，可查看选中设备的运行信息、设备资产信息以及维护信息（图 5-4-8）。

图 5-4-8 管廊空间浏览与设备定位功能

（3）管廊分区与子系统监控状态管理

将管廊的舱室划分为电力舱、综合舱、燃气舱，并对舱室下每个分区中的子系统设备进行监控（图 5-4-9）。

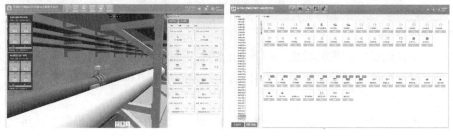

图 5-4-9 管廊子系统监控状态管理界面

（4）应急模拟与应急方案管理

运维平台还提供基于 BIM 模型的应急模拟功能，当管廊发生火灾、塌陷、燃气泄漏以及爆管等事故时，系统能够快速定位到事故地点，模拟最佳事故处理方式或者逃生路线，可用于应急演练、应急方案设计与应急指挥（图 5-4-10）。

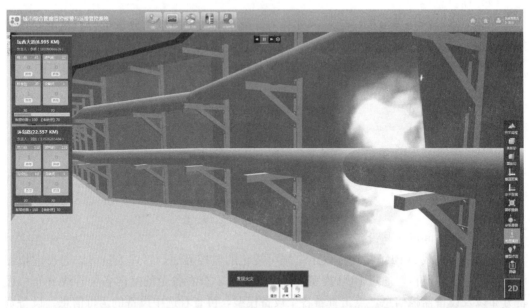

图 5-4-10　应急模拟与应急方案管理

（5）综合分析

依托系统长期运行积累的数据，运维平台还可借助大数据技术对收集到的数据进行处理和分析，对廊内的设备状态进行趋势分析以及故障预测（图 5-4-11）。

（6）系统管理

系统管理模块是平台日常统一管理维护的基础，便于系统管理员根据日常运维管理需求进行各类设置，以适应业务的发展变化（图 5-4-12）。

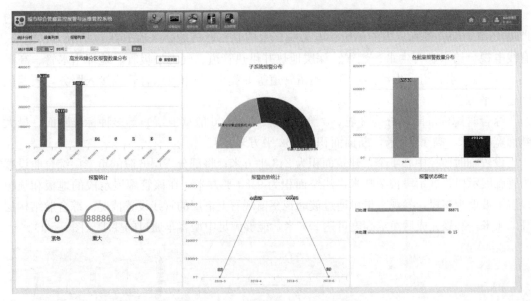

图 5-4-11　运维平台综合分析功能

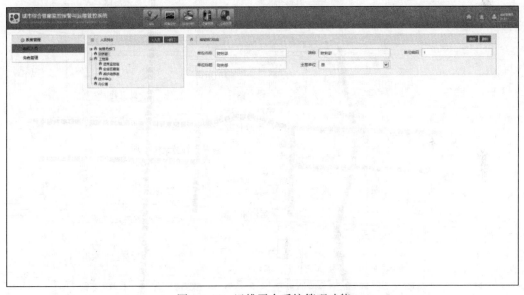

图 5-4-12　运维平台系统管理功能

5.5　北京城市副中心行政办公区综合管廊应用

5.5.1　项目概况

北京城市副中心综合管廊项目以"三最一突出"（中央对城市副中心最先进的理念、最高的标准、最好的质量，突出绿色、低碳、可持续发展思路）的内涵和标准，建设具有世界最先进水平的"智慧"综合管廊，为生态智能副中心提供最安全、可靠、集约的市政公共网络，将综合管廊建成为更"集约、未来、智慧、人文"的现代化城市基础设施。

北京城市副中心综合管廊项目一期实施范围包括主、次干路共9条道路,管廊总长约11.3公里。综合管廊分为能源舱、电力舱、水信舱、燃气舱,入廊管线包括电力、电信、有线电视、给水、再生水、燃气、深层地热井供热管道、气力垃圾管、地埋出水管、高温热水/低温冷水管道、生活热水管、预留管道等8类18种市政综合管线接入服务,覆盖范围达6平方公里。

综合管廊标准断面分为2舱、3舱、4舱、5舱、6舱(三层)等多种标准断面,最大断面宽12米、高13.5米,断面面积为162平方米。

设置临时监控中心1个,建筑面积为248平方米;将部分三层6舱的负二层综合舱设置为管廊展示段,展示段长790米,建筑面积为9480平方米。在该管廊展示段的地板和顶板设置了玻璃观察窗,参观人员可通过玻璃观察窗观看上下层的管线设置情况。综合舱结构层高3.4米,装修完成后净空高度可达2.6米,能够满足中型客车通过的要求(图5-5-1)。

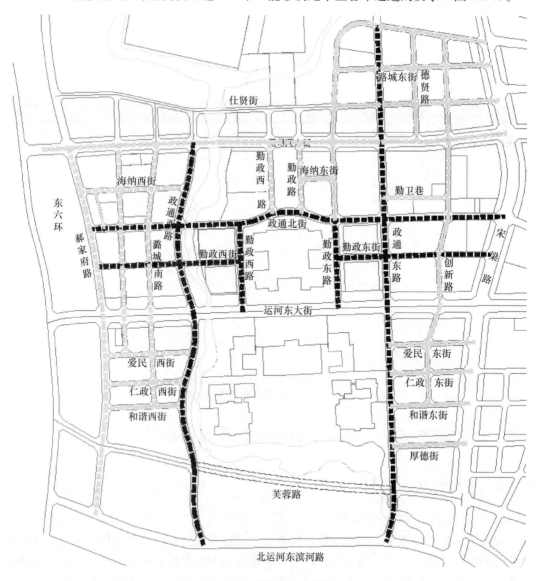

图 5-5-1 项目平面布局图

5.5.2　BIM 应用

5.5.2.1　设计阶段

北京城市副中心综合管廊项目在设计阶段就采用了 BIM 技术，对管廊内部环境空间进行科学规划设计，设计过程中基于 BIM 技术的应用亮点包括：

（1）通过 BIM 评估所设计的空间，可以获得较高的互动效应，以便从使用者和业主处获得积极的反馈，提高设计方案论证效率。

（2）使用三维的思考方式完成建筑设计，使用平、立、剖等三视图的方式表达和展现设计成果，实现互动性高和反馈性强的可视。

（3）通过网络的协同展开设计工作，充分实现专业间的信息交流，对图形进行描述，并加载附加信息，导致专业间的数据具有关联性。

（4）通过搭建各专业的 BIM 模型，设计师能够在虚拟的三维环境下方便地发现设计中的碰撞冲突，从而大大提高了管线综合的设计能力和工作效率（图 5-5-2）。

图 5-5-2　设计阶段综合管廊 BIM 模型

5.5.2.2　施工阶段

北京城市副中心综合管廊项目在施工阶段采用了 BIM 技术，在提高实施速度、可视化沟通、模拟与检查、改善管理等方面具有明显优势，施工过程中基于 BIM 技术的应用亮点主要包括：

（1）通过设计建模、施工模型复核，及时发现碰撞问题，节约施工工期。

（2）根据施工现场实际施工方案进行深化设计，辅助设计出图模型，优化现场施工深化效率和质量，减少现场返工。

（3）项目算量使用 BIM 算量软件，因前期建模精度高，模型导入算量软件直接出量，可查看单个（部分）构件，也可查看总体工程量。

（4）对个别工艺进行 3D 模拟，精确展示施工中每个细节，辅助项目施工，确保整个施工过程零污染。

（5）通过 BIM 辅助总平面管理，减少现场材料转运次数，提升施工现场面貌，实现现场场地优化布置的目的（图 5-5-3、图 5-5-4）。

（6）运用 e 建筑 BIM 移动端，将所有模型全部上传，施工员、技术员、质量员可实时查看。

（7）通过 BIM 平台辅助图纸管理，提高图纸传输效率和管理效率，减少图纸传递过程中的错误及偏差（图 5-5-5～图 5-5-7）。

图 5-5-3 施工现场布置图

图 5-5-4 施工现场布置效果图

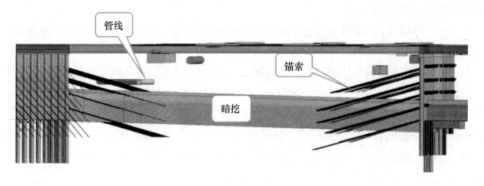

图 5-5-5 碰撞检查（1）

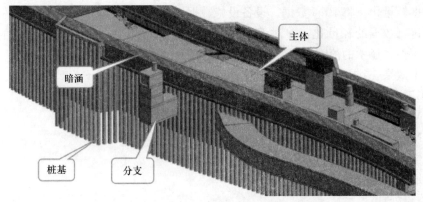

图 5-5-6 碰撞检查（2）

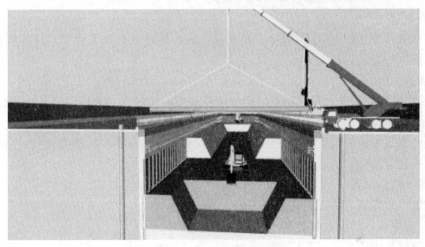

图 5-5-7 施工方案动画交底

5.5.2.3 智能化管控阶段

（1）管廊管控平台建设

将 BIM 技术引入综合管廊领域，可整合建筑物的图形以及非图形信息，用以指导综合管廊信息化的设计、施工和后期运营管理。副中心综合管廊平台是一个大型复杂的系统软件平台，其中 BIM 和可视化是核心内容，利用 Viametris iMS3D 室内移动测图系统和 DPI-8 手持三维扫描仪测量建筑内部的三维激光点云，作为综合管廊原始数据，采用 Bentley 软件平台，对管廊本体、设备和附属设施的激光点云、360 度全景影像数据创建综合管廊三维模型，创建符合 BIM 标准的 RVT 格式的模型。按照业务划分，BIM＋GIS ＋平台＋3D 可视化展示的业务分为三个层次：

1）第一步，数据采集，即"BIM 建模"

建立数据模型和展示模型，数据模型包含设计数据、管理数据、设备设施参数数据；展示模型包括管廊本体及其附属构筑物。

2）第二步，BIM 处理，即"BIM 相关的各项工作"

①数据（BIM 数据、设备设施数据等）录入。按照数据分类属性标准，录入所有设备的 BIM 模型数据，按照统一规则形成相应的工具进行统一适配，保证质量和效果。

②数据轻量化。将 BIM 数据、设备设施数据、工程数据转换到 BIM 自身平台，根据相关规则进行数据的轻量化，并对 BIM 平台进行引擎优化、加速，保证数据的准确性、管理的实用性、显示的流畅性。

③渲染效果。在 BIM 平台中进行渲染展示。

3）第三步，接口二次开发和整体渲染

①BIM＋GIS（超图）的接口二次开发。

②BIM＋GIS（超图）与管廊平台的接口二次开发。

③整体展示效果提升。

（2）BIM 在管控平台的功能

1）渲染处理

将原始模型的效果进行必要的处理，使其看着美化、直观。

2）数据交互

将专业工具建立的 BIM 模型导出处理后，嵌入到软件应用平台中，保障操作的灵活性及数据的友好交互。

3）场景分析

在 BIM 模型的基础上完成相关应用分析及动画，如爆管的分析、积水的分析等。

4）三维场景模拟

在平台系统中模拟出管廊的三维场景，并可提供在场景中的漫游巡视等，实现对管廊的远程可视化管理。

5）管线信息浏览

在三维可视化界面中查看任意管线的相关信息。

6）系统集成、显示实时数据

在三维场景中显示各子系统的实时数据，实现查询、统计和分析功能，并可进行联动控制。

7）联动报警与控制

在系统集成的基础上，基于 BIM 的综合基础与管控系统将各子系统数据有机结合起来，显示系统联动的相关动画。

8）设备信息

将设备相关信息纳入三维可视化管理。

9）实时监测信息

在三维场景下，可将各主要监测指标数据集成在界面中实时显示，随时查看管廊内的温度、湿度、电力、照明等综合情况。

10）故障定位

针对实时监测数据提示的故障预警信息，可在三维场景中进行故障定位。

（3）BIM 在管廊全生命周期中的优势

在整个工程建设周期中，BIM 作为最新的技术，在规划、设计、实施和运维等方面都发挥着越来越重要的作用，其在设计阶段的成本控制、施工阶段的碰撞检查十分重要，在项目策划、运行和维护等阶段实现共享，使工程技术人员对各种建筑信息做出正确理解和高效应对，为设计团队以及包括建筑运营单位在内的各方建设主体提供协同工作的基础，在提高生产效率、节约成本和缩短工期方面发挥重要作用。

1）通过和 GIS 及 3D 展示结合，非常直观地显示系统和设备。

2）与设备属性结合，非常直观地显示运维需要的参数及现状。

3）与平台功能配合，三维展示平台功能。

5.5.2.4 运维管理阶段

引入了三维仿真技术、智能巡检系统、综合管理信息平台等先进的技术和理念，实现高度智慧化（图 5-5-8）。

图 5-5-8 智慧管廊运营平台

（1）建立统一的管理信息平台，实现对大数据的综合分析和交互，实时收集各系统信息，通过统一管理信息平台，对管廊进行精确定位及可视化追踪。

（2）利用 BIM 展示、3D 动画系统展示、三维模型系统展示、GIS 地图系统展示等功能，实现可视化运维管理。

（3）弱电监测系统可以实现对入廊管线压力、温度、漏失风险以及廊体内气体、温度、渗水、廊体结构变形等进行实时监测。根据技术指标判断设备故障并报警提示。在事故发生时可快速启动应急预案，并根据事故及路径等相关分析功能提高辅助决策能力，实现管廊的智慧管控。

（4）建立无线网络通信系统，实现管廊内与管廊外实时通信，及时反馈现场视频及图片信息；智慧管理平台上可显示人员位置，查询人员的运动轨迹信息，掌握人的活动状态。

（5）电力舱设置巡检机器人，实现自动巡视和状态检修，可即时掌握管廊内部信息，应对突发事件，这也是综合管廊巡检模式的重大变革。

（6）可视化。BIM 提供的可视化是一种能够同构件形成互动性和反馈性的可视，在 BIM 建筑信息模型中，由于整个过程都是可视化的，所以可视化的结果不仅可以用来实现效果图的展示及报表的生成，更重要的是，项目设计、建造运营过程中的沟通、讨论、决策都可在可视化的状态下进行。

（7）信息完备性。信息完备性体现在 BIM 技术可对工程对象进行 3D 几何信息和拓扑关系的描述以及完整的工程信息描述。

（8）设备运维管理平台是为设备、设施运行维护提供支持的一套软件。平台从集成化和智能化的统一管理信息平台获取有关设备、设施的实时信息，根据技术指标判断设备故障并报警提示，提供维修工作管理流程。设备设施在管廊内的故障申报、维修情况，通过设备运维管理平台作为统一入口，各运维管理人员负责进行运维的具体工作，运维管理公司可查询、跟踪、管理设备设施的维修状态、过程、结果以及人员入廊相关情况。

（9）设备设施维修状态可以在 GIS 地图和三维仿真上实时显示。

附录　参编单位介绍

附录 A　中冶京诚工程技术有限公司

中冶京诚工程技术有限公司

中冶京诚工程技术有限公司是我国最早从事冶金工程咨询、设计、工程承包业务的国家级大型科技型企业，是由创建于1951年的冶金工业部北京钢铁设计研究总院改制成立的国际化工程技术公司，目前隶属于世界500强企业中国冶金科工集团公司。

作为国内外客户认可的知名品牌企业，中冶京诚坚持"诚信、创新、增长、高效"的核心价值观，60多年来，先后为国内外500余家客户提供了近5000项工程技术服务，参与完成了宝钢、鞍钢、武钢、太钢、首钢京唐、河钢等国内钢铁企业的新建和改扩建工程，海外工程业务拓展至美国、俄罗斯、韩国、伊朗、印度、孟加拉、印尼、越南、尼日利亚等16个国家。在历年住房和城乡建设部、中国勘察设计协会等年度排名中，均位居行业前列。

作为全国勘察设计行业的龙头企业，中冶京诚以客户需求为导向，不断践行"全方位"服务模式，被住房和城乡建设部认定为全国首批"全过程工程咨询试点企业"。业务链涵盖工程投资、工程咨询、工程勘察、工程设计、工程总承包、项目管理、设备成套供货、工程监理、运营维护及相关的技术和管理服务、建设项目环境影响评价、计算机信息系统集成等全过程。在"做精冶金，做实市政，发展水务，优化制造，研究增长点"的战略指引下，业务领域从单一的钢铁冶金工程延伸至市政、公路、公用基础设施、建筑、水务等多个行业。在业内率先获得"综合设计甲级资质"的同时，还拥有充分支持公司发展多行业工程业务的规划、咨询、勘察、施工、监理、造价、环境影响评价等一系列国家最高级别的行政许可。

中冶京诚以技术研发为先导，不断为客户提供满意的差异化技术服务。公司设有技术研究院和信息数字化中心，被认定为"国家博士后科研工作站"、"冶金清洁生产技术中心"、"北京市铸轧工程技术研究中心"、"北京市企业技术中心"、"北京市设计创新中心"，共建"烟气多污染物控制技术与装备国家工程实验室"，同时被评为"国家知识产权示范企业"。60多年来，承担了50余项国家和省部级科研课题研究，主持或参加310余项国家和行业标准的编制工作，荣获国家和省部级科技成果奖310余项，国家和省部级优秀工程设计奖等440余项，累计获得专利授权1400余项，其中发明专利220余项。在科技创新、成果推广、标准规范等方面为行业的发展做出重要贡献。

中冶京诚注重管理，塑造优秀服务团队，全面提升服务质量，与客户诚信共赢。在业内率先通过质量、环境、职业健康安全三标管理体系。公司拥有国家级工程勘察设计大师3人，全国冶金高级技术专家34人，英国结构工程师学会特许工程师5人，英国皇家特许建造师2人，香港建筑师学会会员2人，享受国务院特殊津贴71人，国家各类注册执业资质人员783人，教授级和高级工程师1400人，工程技术人员占比员工总人数为78%。员工队伍层次合理、专业齐全，兼有技术与复合型管理人员，会聚了众多创新型、复合型精英人才。

作为"冶金建设国家队"排头兵，中冶京诚拥有包括智能化料场、高效长寿高炉、全系列转炉、超高功率电炉炼钢系统、真空精炼系统装备、特殊钢冶炼连铸生产线、世界最大断面（ϕ1000毫米）圆坯连铸机、世界最大厚度（450毫米）直弧型板坯连铸机、宽厚板全线装备和控制、酸轧联合机组、世界首条高速（120米/分钟）静电粉末彩涂机组、世界最大规格（ϕ219毫米）CPE顶管机组、棒材全线装备和控制、110米/秒高线精轧机组和控制等一批具有自主知识产权、达到国际先进水平的专业产品。

近年来，中冶京诚将专业技术优势延伸至市政、交通、水务和超高层建筑等领域。在综合管廊业务领域拥有生命周期产业链，综合管廊规划设计里程已超600公里，业绩分布全国40余座城市。注重新兴产业科技研发投入，成立了全国第一家专业化综合管廊技术研究院——中国中冶管廊技术研究院，在国内率先开展智慧管廊系统、钢制综合管廊相关技术与产品的研发与应用。

中冶京诚在BIM技术的工程应用与研究方面也具有丰富的经验，在开展大量工程实践的基础上，形成由《京诚公司三维数字化（BIM）协同设计应用管理规定》、《工程三维协同设计文件管理规定》、《工程信息模型技术标准》等指导文件组成的标准化管理体系，并于近年来荣获包括"创新杯"建筑信息模型设计大赛、中国建设工程BIM大赛（第二届、第三届）、中冶集团BIM技术应用大赛等在内的奖项13个。

附录 B　深圳市市政设计研究院有限公司

深圳市市政设计研究院有限公司

　　深圳市市政设计研究院有限公司成立于 1984 年，隶属于深圳市地铁集团有限公司，是一家具有市政全行业、轨道交通、公路工程、建筑工程、城市规划、工程勘察综合、工程咨询、风景园林等甲级设计资质及施工图审查一类资质和甲级监理资质的国家高新技术企业。拥有"国家博士后科研工作站"、"院士（专家）工作站"、"陈宜言设计大师工作室"、"国家级工程实践教育中心"、"国际低碳市政基础设施研究中心"、"广东省新型桥梁结构工程技术研究中心"、"交通基础设施智能制造技术交通运输行业研发中心"，教授级高级工程师、博士和博士后 40 余人。业务涵盖领域众多，在智慧城市、生态城市、海绵城市、综合管廊、有轨电车以及 BIM 技术等方面的研究、推广及应用走在行业前列。

　　公司坚持"优质高效、规范创新、顾客满意、持续改进"的质量方针，立足深圳、放眼全国，项目已延伸至全国 20 多个省市。设计出深圳彩虹大桥、深南大道、东莞大道、深圳市福田交通综合枢纽换乘中心等优秀项目。荣获"全国优秀工程勘察设计奖银奖"、"全国优秀工程勘察设计奖铜奖"、"深圳市优秀设计金牛奖"等国际、国家、部、省及市级各类优秀设计奖 300 余项。坚持科技创新驱动发展，先后荣获"国家科学技术进步奖"、"建设部华夏建设科学技术奖"、"广东省科技进步奖"、"深圳市科学技术进步奖"等科技进步奖 30 余项；国内外发明专利和实用新型专利等自主知识产权 100 余项。

　　公司于 2000 年开始综合管廊设计，是国内最早的智慧城市理念的积极践行者，先后参与全国 20 多个城市管廊设计、编制完成 10 多个城市的管廊规划。

　　公司于 2012 年开始 BIM 技术工作，成立 BIM 设计研究院。致力于研究和推广建设工程 BIM 技术解决方案，积累了丰富工程 BIM 应用经验，目前已累计完成建筑工程、道路工程、桥梁工程、轨道交通与综合管廊工程等类型 BIM 应用项目二十余项，多次获得省市 BIM 设计应用奖项。积极参与行业研究，先后参与了住房和城乡建设部、中国勘察设计协会、深圳市交委、深圳市住建局、深圳市勘察设计协会等行业主管部门、协会组织的十余本 BIM 相关课题研究与标准编制工作，多本图书著作已出版发行。

附录 C　中国十七冶集团有限公司

中国十七冶集团有限公司成立于 1957 年，是中国冶金科工股份有限公司控股的子公司，并于中国五矿与中冶集团整合后，成为中国五矿集团核心企业之一，位居中冶集团第一方阵和安徽省建筑业"前三甲"，主营业务包括 EPC 工程总承包、装备制造及钢结构制作、房地产开发三大板块。

中国十七冶集团作为"中国管廊第一品牌"、炼钢精炼"国家队"和"中冶路桥第一品牌"，先后承建了全国最大的西安城市地下综合管廊，截止到 2018 年 6 月，管廊项目遍布全国 27 个省、市、自治区的 64 座城市，已中标里程 900 多公里，服务国家试点城市12 个。中国十七冶集团有限公司响应中冶集团号召和行业发展趋势，于 2014 年 6 月成立集团 BIM 中心，开展推广公司 BIM 技术在项目上的应用；公司 BIM 经历了从试点示范阶段到推广普及阶段再到全面应用阶段，截至目前，公司 60% 在建项目已实施 BIM 技术应用；一般项目 BIM 应用达到公司 BIM 1.0 水平，重点项目达到 BIM 2.0 水平；计划到2020 年，公司所有在建项目应用 BIM 技术；经过近 4 年的发展，公司 BIM 工作取得了优异成绩，在 BIM 人员培养方面，公司组织 BIM 专项培训 42 场次，培养 BIM 建模操作手及项目应用管理师近 320 人；为公司 BIM 快速发展奠定人才基础；集团 BIM 中心精心组织各个二级公司申报全国 BIM 大赛，取得丰硕成果，截至目前，共获的各类大小奖项共计 45 项，其中国建筑业协会 BIM 大赛一等奖 3 项，科创杯一等奖 1 项，创新杯二等奖 1 项；积极将 BIM 技术引入到公司科技创新和课题研究中，截至目前，共形成基于BIM 技术的专利 22 项，国家级及省部级科研课题 8 项；为公司高新技术企业提供技术支撑。

中国十七冶集团 BIM 中心应安徽省 BIM 技术专委会邀请，参与安徽省 BIM 建筑信息模型技术应用指南编制工作；该指南一经发布就受到同行业积极认可，作为 BIM 实施指导性文件全面推广。

中国十七冶集团在 2005 年通过质量、环境、职业健康安全"三标一体化"管理体系注册认证，并多次获得国际认证联盟（IQNet）颁发的"管理卓越奖"，曾获得鲁班奖、中国詹天佑土木工程大奖、国家金质奖等各类奖项 120 余项。

雄关漫道真如铁，而今迈步从头越。实现"中国十七冶发展之梦"任重道远。中国十七冶集团将在中国中冶"冶金建设国家队、基本建设主力军、新兴产业领跑者，长期坚持走高技术高质量发展之路"的战略指引下，以效率、品质、信用为座右铭，不断传承创新，不断拼搏进取，为国内外客户提供专业、高效、竭诚的服务，携手续写新辉煌！

附录 D　北京城市副中心投资建设集团有限公司

北京城市副中心投资建设集团有限公司（以下简称"北投集团"）的发展定位是在坚持基础性、公益性、市场化原则基础上的城市综合运营商，代表北京市政府营造城市，是按照经营城市的理念组建的"投资、融资、开发、建设、经营"五位一体区域开发主体，注册资本金 100 亿元。受北京市委市政府委托，北投集团自 2008 年承接奥林匹克公园中心区地下综合管廊管理工作以来，投入运营及维护地下综合管廊 16 公里，正在建设地下综合管廊 48 公里。北投集团全体员工秉承匠心精神，不忘服务首都发展战略的使命，以科学严谨的态度，尽心打造独具特色的城市地下综合管廊开发与运营平台。

北投集团认真总结近几年北京城市副中心运河商务区北环环隧项目的经验教训，不断创新副中心行政办公区综合管廊项目中的管理工作，2016 年形成《集约化城市地下综合管廊运营管理体系的构建》的工作成果，荣获第三十一届北京市企业管理现代化创新成果一等奖。

附录 E　BENTLEY 软件（北京）有限公司

Bentley 公司始终致力于为设计、建造和运营全球基础设施的企业和专业人员提供创新软件和服务，促进全球经济和环境的可持续发展，改善全人类的生活品质。在 2016 年，Bentley 公司刚刚更换了自己的企业标语，由"Sustaining Infrastructure（服务可持续的基础设施）"变成了"Advancing Infrastructure（优化基础设施行业）"。如果前者说明了Bentley 使命的话，那么后者则定义了 Bentley 的目标和方向。

Bentley 公司 Logo

在 30 多年的发展历程中，Bentley 不断地丰富、优化、强化自己的软件产品，开始初期，Bentley 的核心是 MicroStation 产品，屈指算来，MicroStation 已有 32 年的历史，对于石油石化的用户来讲，他们使用的 PDS（鹰图 Intergraph 公司的工厂管道设计产品）软件设计产品，其实使用的平台是 MicroStation J 版，如果你使用过它，再对比现在最新版本的 MicroStation 软件，会发现很多核心的理念没有变化，很多时候，我们不得不惊叹MicroStation 软件架构的合理性，特别是 DGN 文件格式的规划，Bentley 也采取了软件升级、文件格式不升级的方式，这是从用户数据兼容性的角度来考虑。所以，我们仍然可以使用 10 年前的软件版本打开现在的数据文件。

从产品定位上，Bentley 公司由图形平台进一步丰富成行业解决方案，从单纯的设计产品覆盖到工程内容管理及后期的数据利用，从而覆盖工程项目的全生命周期。在最新的

CONNECT 版本里，Bentley 利用企业云的概念，将协同的理念提升到一个新的高度。
Bentley 为四大纵向市场，几十个细分领域提供技术综合服务。

建筑	工厂	土木	地理
（工业与民用建筑）	（管道及设备和离散制造业）	（交通运输业和基础设施）	（地理信息系统）

Bentley 四大纵向市场

这几乎涵盖了整个基础设施领域，对于某个具体的行业，例如地铁行业，涉及建筑、场地，也涉及地下管线，还涉及站体和区间，在站体选址上，也会与地理信息相结合。从这个角度讲，不存在一个只涉及建筑本身的建筑项目，也不存在一个单纯的只有管道和设备的工厂项目。我们所说的 BIM 中的"B"，也不仅仅是建筑"Building"的概念，而是一种"泛建筑"的概念。

Bentley 更细的行业划分

　　针对于每个行业的特定需求，Bentley 公司都提供了相应的软件产品和解决方案。

Bentley 各行业产品组合

　　从某种角度来讲，Bentley 的产品更像是"乐高积木"灵活的组合，形成不同的解决方案，之所以能够"组合"，是依托 Bentley 解决方案的技术架构，即 Bentley 的主要产品：MicroStation、ProjectWise 和 AssetWise。

MicroStation　　　　　ProjectWise　　　　　AssetWise

　　为了使这些产品能够互通，Bentley 采用了统一的工程数据平台 MicroStaiton 来协同各模块的数据兼容，这个平台具有极强的数据兼容性，对于常规的 DWG、SKP、IFC 等工程数据直接兼容。强大的数据平台可以使我们高效地创建数据、确定数据、交流数据。

　　对于一个项目团队，如果要协同工作，会涉及工程数据管理的问题，也就是协同工作的问题，Bentley 的 ProjectWise 就是一个协同工作平台，同时也是一个后期过渡到资产管理的移交平台。在这个平台上，ProjectWise 需要对工程内容、工程标准、工作流程进行管理。这个平台特别适合跨区域的部署方式。例如，华东勘测设计研究院的总部在杭州，在西昌有个分院，通过 ProjectWise 跨区域协同工作机制，使不同地域的同一个项目团队，协同工作。

　　AssetWise 是资产管理的平台，主要面向业主的业务流程和资产管理。

通过这样的软件技术架构，形成了 Bentley 基础设施行业解决方案。其中 BIM 解决方案是其重要的组成部分。

Bentley 全生命周期定位

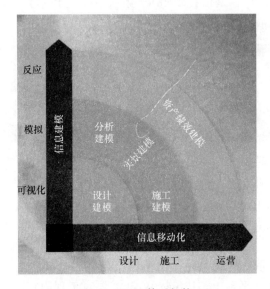

Bentley BIM 体系架构

利用 Bentley 的解决方案，全球的工程用户完成了很多的优秀案例，引领了基础设施行业的技术发展方向。无论是侧重信息建模还是综合项目的公司，或是智能基础设施的用户，Bentley 公司都具有极高的市场占有率。

MicroStation

信息建模
来自顶级设计公司的 Bentley MicroStation
应用程序用户
*2014年《工程新闻纪录》500强设计公司和
150强全球设计公司综合计算(重复者仅计一次)

ProjectWise

综合项目
来自顶级设计公司的 Bentley ProjectWise用户

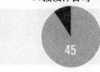

Bentley基础设施500强
全球顶级基础设施业主排名，每年发布一次
www.bentley.com/500

AssetWise

智能基础设施
来自Bentley基础设施500强业主的Bentley
AssetWise用户

Bentley基础设施
50强业主　　　Bentley基础设施
500强业主